园林

普通高等教育土建学科『十三五』规划教材

# 现代园林设计

XIANDAI YUANLIN SHEJI

主　编　吕在利　刘　刚

副主编　刘艳红　丁立伟　丁　娟　郭丽丽

华中科技大学出版社
http://www.hustp.com
中国·武汉

## 内 容 简 介

园林是艺术与设计的集大成者，它涉及的领域非常广泛，是一门跨度很大的复合学科。随着时代的发展和科技的进步，人们对环境质量的生理与心理的需求在不断改变，人们对生存环境的要求也不断提升。现代园林作为一种提升城市居民生活质量的综合艺术形式，在功能、方法与技术等方面的设计都重新得到全新的应用。优美的游憩空间，不仅为城市居民提供了休养生息的室外空间场所，也为人们进行情感与文化交流和享受时代发展的成果带来了种种方便。

本书旨在对园林空间、园林设计要素、园林设计方法等知识点进行系统、全面的讲述，侧重实践经验与基础知识相结合进行深入浅出的讲解，具有科学性、系统性、逻辑性等特点，注重学生知识、能力和素质的全面培养，能够有效指导学生在园林设计各个环节的学习。希望读者能够结合图片品读本书中所讲内容，同时通过学习本书的内容，具备独立完成园林设计方案的能力。

为了方便教学，本书还配有电子课件等教学资源包，任课教师和学生可以登录“我们爱读书”网(www.ibook4us.com)免费注册或浏览，也可以发邮件至 hustpeiit@163.com 免费索取。

**图书在版编目(CIP)数据**

现代园林设计/吕在利，刘刚主编.—武汉：华中科技大学出版社，2017.6

普通高等教育土建学科“十三五”规划教材

ISBN 978-7-5680-2783-0

Ⅰ.①现… Ⅱ.①吕… ②刘… Ⅲ.①园林设计-高等学校-教材 Ⅳ.①TU986.2

中国版本图书馆 CIP 数据核字(2017)第 095954 号

**现代园林设计**
Xiandai Yuanlin Sheji

吕在利　刘　刚　主编

策划编辑：康　序
责任编辑：倪　非
封面设计：孢　子
责任监印：朱　玢
出版发行：华中科技大学出版社(中国·武汉)　电话：(027)81321913
武汉市东湖新技术开发区华工科技园　邮编：430223
录　　排：武汉正风天下文化发展有限公司
印　　刷：武汉科源印刷设计有限公司
开　　本：880mm×1230mm　1/16
印　　张：8
字　　数：241 千字
版　　次：2017 年 6 月第 1 版第 1 次印刷
定　　价：48.00 元

# 前言

“

物质化空间语境会对人居空间环境产生长效的作用。园林是艺术与设计的集大成者，它涉及的领域非常广泛，是一门跨度很大的复合学科。随着时代的发展和科技的进步，人们对环境质量的生理与心理的需求在不断改变，人们对生存环境的要求也不断提升。现代园林作为一种提升城市居民生活质量的综合艺术形式，在功能、方法与技术等方面的设计都重新得到全新的应用。优美的游憩空间，不仅为城市居民提供了休养生息的室外空间场所，也为人们进行情感与文化交流和享受时代发展的成果带来了种种方便。

科学、文化、技术在高速发展，多元文化和多元审美也在齐头并进。作为环境设计的教师及园林设计从业者，经常会对如何创建更好的现代园林设计方案而进行深入的思考和研究，怀着对美好环境的向往而希冀着能将解决现实问题的措施付诸实践，既让环境设计更好地服务于现代社会，同时又能将园林设计的相关知识进行系统整理并传授给学生。本书的编者们基于以上考虑，并根据高等学校园林设计课程的教学要求编写了本书。本书旨在对园林空间、园林设计要素、园林设计方法等知识点进行系统、全面的讲述，侧重实践经验与基础知识相结合进行深入浅出的讲解，具有科学性、系统性、逻辑性等特点，注重学生知识、能力和素质的全面培养，能够有效指导学生在园林设计各个环节的学习。希望读者能够结合图片品读本书中所讲的内容，同时通过学习本书的内容，具备独立完成园林设计方案的能力。

本书在编写过程中，借鉴和参考了部分学者的理论成果，在此对相关作者表示衷心的感谢！本书中的图片主要来自编者们近年来实践、考察过程中积累的资料及设计项目，有一部分是指导学生完成的作业，少数图片和案例来自网络，能够追溯的在文中已经注明，有的已经难以追溯到作者，在此对原作者（原设计单位）表示感谢！

本书由齐鲁工业大学吕在利教授、刘刚老师担任主编，由山西农业大学刘艳红老师、山东女子学院丁立伟老师、安徽新华学院丁娟老师、太原学院郭丽丽老师担任副主编，由齐鲁工业大学吕在利教授审核并统稿。

为了方便教学，本书还配有电子课件等教学资源包，任课教师和学生可以登录“我们爱读书”网（www.ibook4us.com）免费注册或浏览，也可以发邮件至 hustpeiit@163.com 免费索取。

本书若有疏漏和不足之处，诚望专家、读者批评指正。

编　者

2017 年 6 月

”

CONTENTS 

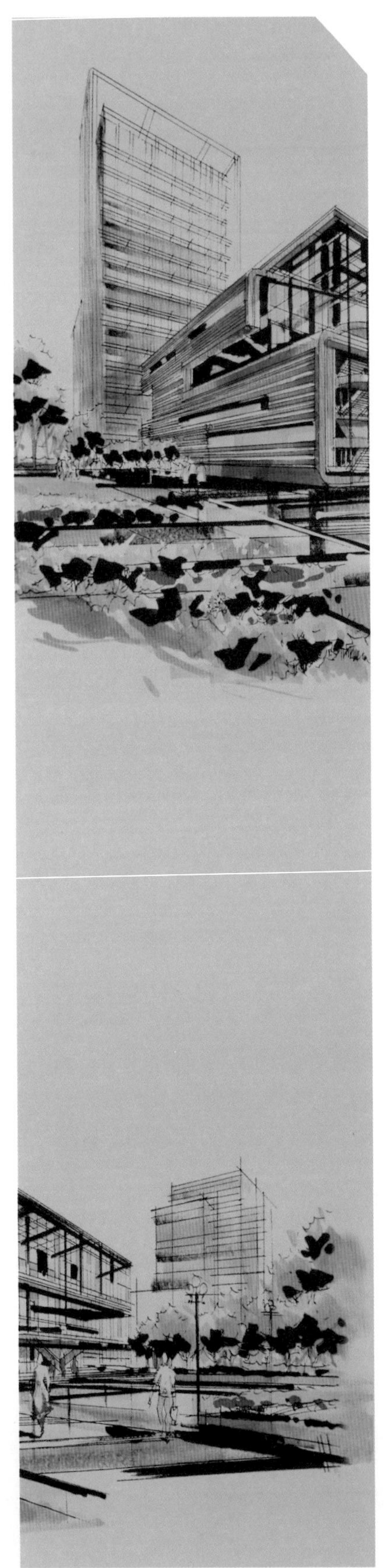

# 第1章

## 现代园林设计绪论

XIANDAI YUANLIN SHEJI XULUN

纵观，园林设计是一种时代文化语境，时间和空间的变换使其成为承载时代历史与文化的景观。

现代园林设计在继承和发展传统的基础上更加突出现代审美及现代技术与材质表现的空间设计，开阔了视野，更加注重对现代和未来园林空间设计的思考与探索。约翰·奥姆斯比·西蒙兹(John Ormsbee Simonds)曾经说过："景观，并非仅仅意味着一种可见的景观，它更是包含了从人、人所赖以生存的社会及自然那里获得多种特点的空间；同时，还能够提高环境品质并成为未来发展所需要的生态资源。"该观点表达了现代园林景观设计的内在特点，即不断地协调人、社会与自然三者之间的关系，营造宜人的生活环境。社会的不断发展和科技的不断进步使人们的生存理念、行为方式不断改变，现代园林设计的内容也随之不断扩展，其表现形式和意义也更加多元和宽泛，它不仅仅局限于游憩的功能空间，同时也具有消除人们身体的疲倦、滋养和改善人们心境的作用，更具有保护和改善现代自然生态环境的功效。

现代园林设计强调尊重自然与生态、尊重人性与成长、尊重文化与发展，注重生活、科技、文化的交融并使其成为现代园林设计的源泉。现代园林设计将空间意境、行为规范、自然生态及人文精神等有机结合起来，以提升土地空间的综合使用价值与社会效率，以可以持续的方式、方法来促进人居环境的健康发展。

## 1.1 现代园林设计含义

传统意义上的园林及公园、游园、花园、游憩绿化带及各种城市绿地等，甚至城市郊区的游憩区、森林公园、风景名胜区、天然保护区、国家公园等所有风景游览区和休养胜地等，这些都可以被称作园林。这与欧美各国对园林观念的理解都非常接近，欧美一般将园林称为 garden，park，landscape，carden，即花园、公园、景观、山水等。然而在实际意义上，它们所包含的内容并不是完全一样的。

从古典园林这个狭义的角度来看，园林是在一定的地段范围内，依据一定的传统理念，利用和改造自然山水地貌或人工开辟山水地貌，结合传统建筑的功能与造型，安置艺术小品和配置动植物，从而构成理想的、以观念和视觉景观相结合的，且以天人合一为最高审美境界的游憩、居住空间环境。

从近、现代园林发展的视角看，广义的园林是包括各类公园、城镇绿地系统、自然保护区在内的，融自然风景与人文艺术于一体的，且能为社会公众提供休养生息、舒适、快乐、文明、健康的游憩娱乐环境。

提到"园林"，学习室外环境设计的同学就不能不想起"景观"这个词汇，那么，这两者究竟是什么关系呢？刘滨谊先生曾在《现代景观规划设计》一书的开篇中提到，"景观最基本、最实质的内容还是没有离开园林的核心，追根溯源，园林在先，景观在后"。书中还指出了一条简单的来龙去脉，即"圃—囿—园—林"，这可以让读者在区别两者之前，对其发展过程有一个了解。园林设计的发展始终是伴随着时代展开的，现代设计使园林设计的规模和范畴都越来越广泛，在不同区域、不同文脉、不同风格等因素的影响下，诸多因素合并之后产生的园林范畴，都可以称为景观。总之，这两个词汇之间的区别是可以见仁见智的，其本质内涵基本是相同的。现代园林设计的形成是一个不断演进的过程。随着我们对园林知识的不断积累和理解的多样化，我们会对其广义、狭义有更加深刻的理解和拓展，也会有自己独立的思考与判断，经过不断的消化然后择优而从。

现代园林设计涉及非常广泛，融汇了多门跨学科的知识，如今面对的设计领域和内容也非常广泛，小到街头绿地、商业中心花园，大到风景区规划、城市景观规划，从土地规划到人文环境规划，都成为现代园林设计的范畴。

# 1.2 现代园林与传统园林的异同

现代园林设计思潮源于欧洲，兴于美洲。现代园林设计思潮在形成与发展的不同阶段，逐渐脱离了传统园林设计思想的桎梏。18 世纪英国的“如画的园林”建立在对自然环境模拟理念的基础上，体现出那个时期人们思想中对自然的尊重；19 世纪后期，设计师的视野已经逐渐跳出对传统园林设计的小范围研究，而逐渐扩展到城市范畴；19 世纪末 20 世纪初的现代艺术和“新艺术运动”也拓展了园林设计师的审美；在现代主义思潮的影响下，现代园林设计的发展也呈现出更新语境的空间意境和形态。这些不同的社会思潮和艺术运动，都极大地扩展了现代园林设计的内涵与外延，使其延伸和发展到更加广阔的空间，同时，现代园林体现出的特点也与传统园林有明显的区别。

图 1-1　网师园

## 1.2.1 功能定位

传统园林（见图 1-1、图 1-2）按照不同的地域可以简单地分为东方园林和西方园林，当然还可以更具体地划分为中国园林、日本园林、法国园林、英国园林、意大利园林等不同的类别，但这些传统园林具备一个共同特点，即功能定位都属于观赏型园林。这些传统园林在当时所面向的服务对象大多是不同时代中上层社会的少数权贵、贵族人群。在目标群体确定的情况下，传统园林在设计时的功能定位就比较单一，只是根据其日常生活的需求进行设计，而功能需求相对单一、局限从侧面反映出了等级社会的一些特点。

随着社会生产力水平的不断提升，便捷的生活方式让人们在日常生活中有了多种多样的生理和心理方面的需求。在园林设计方面，随着现代主义理念的深入人心，园林设计在具备观赏性特点的同时，又具备了更多元化的元素。这就使得园林设计需要从环境心理学、空间行为学等多方面来分析，

图 1-2　日式园林

研究人群的活动行为特点，以确定园林空间尺度，

设计出合理的空间布局。从形式的角度来看，现代社会的发展对人们的审美观念的改变也起到了重要推动作用。在现代生活中，不同人群具有的行为习惯和对环境的需求存在着多样性的特点，这些行为趋势影响着园林设计活动空间布局与细节景观设计。总而言之，现代园林设计对场地功能、空间分布的要求已经不同于传统园林相对单一的要求，延伸到园林空间中，现代园林开放性、流动性的不同空间类型丰富了传统园林空间模式。现代园林设计中城市广场、公园、附属绿地、道路绿化等多种不同的绿地属性，本质上是功能定位的不同而产生的最终空间形态。（见图 1-3）

图 1-3 Kathleen Dolmatch 摄影作品《曼哈顿公园》

### 1.2.2 设计理念

在东西方传统园林中，我们不难发现其设计理念的核心都是围绕“自然”展开的。例如：中国传统园林模仿自然山水“意境美”，追求“虽由人作，宛自天开”；日本枯山水景观注重抽象、写意；英国传统园林追求天然景色。虽然不同地域的传统园林在艺术处理、园林侧重点的设计方面各有千秋，但围绕“自然”展开的设计理念却并无根本差别。

现代园林与传统园林在设计理念方面存在多种不同，有两个显著的差别：一是，生态理念的融入；二是，动态、可持续发展理念的产生。

20 世纪初，由英国学者最早提出的景观是指由许多复杂要素相联系的综合性系统，其中任一构成要素的变动都会对其他组成部分产生影响，这时期就隐约提到了景观生态系统。到 1969 年，麦克哈格在《设计结合自然》一书中明确提出了综合性的生态规划思想。生态学观念的传播对景观设计理念产生了深远的影响，这使得景观设计在改造客观世界时，尽可能避免对生态环境产生破坏，而提升人与自然环境的关系。生态观念首先强调的是园林设计与其他相关学科的紧密联系，在生态学理念的前提下进行园林的综合设计，园林设计不再是孤立的、单一的、局部的景观要素的简单组合。这种生态学指导下的设计理念，能解决人与环境、审美、功能等多方面的问题。这种生态学指导下的园林设计理念区别于传统园林设计单一追求“自然”审美的理念，建立了多层次、多结构、多功能的环境秩序，使人对环境的影响降到最低限度，基本形成生态、功能、审美三位一体的设计思路。

生态学原理、生态美学等观念引入到园林设计中，使得园林营造不再仅仅以审美为唯一目的，而形成人与环境和谐相处的空间。在此基础上，可持续发展设计理念逐渐融入景观设计领域，其重点是对现有资源的优化利用、合理使用，最大限度地发挥自然生态环境在园林中的作用。动态的、可持续发展的园林设计理念，并非只强调园林景观随季节变化产生的精致变化，更重要的是强调园林设计动态改善生态环境的过程。例如：爱丁堡雨水花园（见图 1-4）是为了给公园中的树木提供水分而建立的，同时也起到了装饰性的作用，给人提供了放松休闲的场所。这个雨水花园有效地解决了干旱难题。经过设计，整个雨水花园每年将吸收 16 000 kg 的固体悬浮颗粒，通过植物生长吸收 160 kg 的营养盐、氮等元素，减少垃圾产量，同时每年为公园提供所需灌溉水的60%（来源于地下存水的过滤水）。该项目并非单一的公园设计，而是基于生态、可持续理念的绿地设计。

图1-4 澳大利亚：爱丁堡雨水花园

### 1.2.3 现代艺术思潮

园林设计是一个开放的学科，其伴随着20世纪以来的科学技术进步与社会经济发展，逐渐融合、吸收了其他学科的设计思想和方法，经过不断完善，最终形成了现代园林设计。

第一阶段：19世纪末期，欧洲一些国家的设计者就传统园林的形式展开了广泛的讨论，想要创造出新的园林形态，并通过相关的理论著作进行了广泛的交流，提出了自己主张。与此同时，美国受到自然主义运动的影响，也逐渐产生了自己独特的造园风格。这一时期的园林发展持续了大约一个世纪，到19世纪末20世纪初，现代园林设计理论和方法逐渐形成，并进行了相应的实际项目探索，取得了一定的成绩。这一时期的现代艺术和“新艺术运动”促进了园林设计的发展。

第二阶段：现代主义发展时期对园林设计产生了重要影响，特别是在第二次世界大战后的恢复建设时期，众多的设计项目为现代园林设计发展提供了宝贵的实践机会。现代主义风格注重建筑功能，对景观设计产生影响，景观设计发生了重要变化。现代景观设计开始注重园林空间的形式语言，舍弃了传统园林中对称、轴线布局等视同核心的体系，现代景观设计基于技术、环境与人关系的分析，注重空间体验。这一时期的新艺术思潮也对景观设计的发展产生了重要影响，立体主义为现代景观设计的形式元素提供了基础性研究内容，丰富了现代景观设计的形式语言。此外，抽象艺术、超现实主义的形式语言也被一些景观设计师应用到实际设计案例中，结合现代、简约、流动的平面设计，营造了功能丰富的园林空间。（见图1-5）

第三阶段：生态主义与大地景观。经过第二次世界大战之后十几年的快速发展，城市扩张速度加快，与之伴随的是城市环境迅速恶化，人们的生活环境变得越来越恶劣。基于这种现状，人们对自然的态度也产生了相应变化，自然生态问题也逐渐受到重视。现代景观设计思想逐渐建立起对空间、功能关注的同时，结合科学、生态、可持续的设计理念得以前进。大地景观思潮起源于艺术家反人工、反易变的艺术形式。这些艺术家企图摆脱艺术中的商业性，而利用自然界元素创作出一种大地艺术。大地艺术的发展超越了艺术品范畴，逐渐影响到景观设计，融合空间、场所与环境属性之后，逐渐转变为现代景观设计的重要思潮之一。（见图1-6）

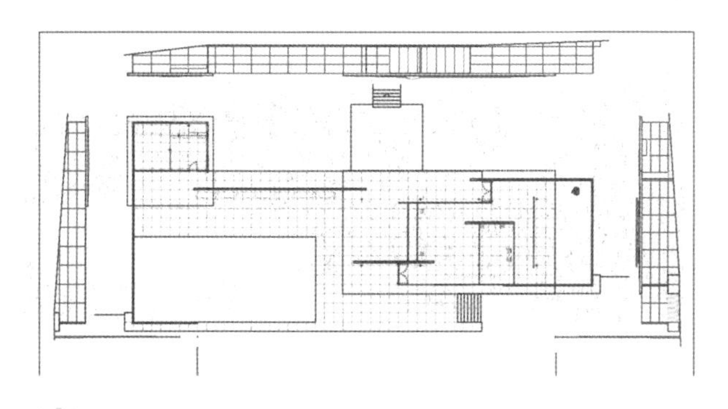

图1-5 巴塞罗那展馆平面图、立面图

图1-6 美国艺术家Charles Jencks“细胞的生命”大地景观

# 1.3 东西方园林

## 1.3.1 中国园林

中国园林艺术有着悠久的历史，历史上曾出现过很多名园，至今依旧保持良好传统风貌的园林很多。中国园林在造园理论与技术上都达到了极高的水平，纵观中国园林的发展历史，明清两代是中国造园艺术较成熟的阶段，明朝末年计成编写的中国第一本园林艺术理论专著《园冶》至今依然是园林设计的经典。

“虽由人作，宛自天开”是中国造园艺术的原则和特点之一，它强调保留山水的自然形态，让精心的人工设计不露一点人工的蛛丝马迹，使人与自然处于相亲相融的关系之中。这与中国传统的“天人合一”的哲学思想是一致的，它体现在中国历代各种不同类型的园林设计之中。

### 1. 皇家园林

中国历史上明清时期为造园的鼎盛时期，遗存的皇家园林的代表作有颐和园、承德避暑山庄（见图 1-7）等。明清皇家园林保留了汉代以来的一池三山的传统格局，同时也吸收了江南私家园林的“林泉抱素之怀”的理念。清代皇家园林将全国各地的名胜古迹置于园中，特别是江南的风光与名胜。乾隆皇帝曾六次下江南，这对皇家园林的设计影响很大，江南一带的优美风景也为清代造园提供了创作蓝本。

传统文化对皇家园林的影响。我国儒、释、道文化都对皇家园林的设计产生了深远的影响，其中“天人合一、道法自然”的道家设计思想，成为中国古典园林创作所遵循的一条准则。在这种思想的指导下，充分利用自然、模拟自然，把人工美和自然美有机地结合起来，追求与自然环境的和谐共生，创造出独具特点的中国皇家园林。

图 1-7　承德避暑山庄

皇家园林的主要特征有如下几点。

一是，规模宏大、气势磅礴。皇家园林占地面积广阔，要素有真山真水。明清时期都注重建设各类御园，如清朝时期的承德避暑山庄，很突出地体现了皇家园林的特点。承德避暑山庄分宫殿区、湖泊区、平原区、山峦区四大部分，整体布局巧用地形，因山就势，分区明确，景色丰富。明清时期大型人工山水园林采用了化整为零、化零为整的“集锦式”规划方法，即大园含小园，园中又有园，比如圆明园（见图 1-8）便是如此。

图 1-8　圆明园复原图

二是，建筑风格多样。皇家园林偏重于建造宫苑，并且很重视建筑基址的选择，创建能够投身大自然怀抱的天人和谐的人居环境；在园林中突出建筑的造景作用，既有传统中式建筑，又有吸收西方古典风格元素的建筑，如颐和园石坊；多通过建筑的外观及大片建筑群的宏观景象来突出皇家园林的气派景象，如颐和园的佛香阁(见图 1-9)。

图 1-9 颐和园佛香阁

### 2. 私家园林

私家园林主要是指官僚、地主、富商为满足生活或文人墨客为逃避现实政治而建造的私人园区。由于受建造者经济能力和封建礼法的限制，一般私家园林规模都不是很大，但要体现大自然的山水景致，还需要反映典型自然世界的概况，由此产生造园艺术的写意创作方法。

传统文化对私家园林的影响。私家园林的特征是诗情画意、曲径通幽、秀美动人、布局自由。小桥流水、翠竹叠石，从不以非常直白的手法表现周围的环境，这种环境包含着中国传统文化和传统审美思想特征。以苏州园林为例，受传统文化的长期侵染，园林设计表现的文化底蕴极其深厚，其中道家“天人合一”思想影响最为深刻。(见图 1-10)

私家园林的主要特征有如下几点。

一是，规模较小。一般私家园林不像皇家园林那样气势雄魄、规模宏大，因此不能以真山真水去造园景，而利用假山叠石来代表自然界中的山石和山丘。江南园林用于假山石料的品种很多，以太湖石和黄石两大类石料为主。石料的用量很大，大型假山石多于土，小型假山几乎全部叠石形成。假山叠石能够仿真山之脉络气势，做出峰峦丘壑、洞府

图 1-10 狮子林

峭壁、曲岸石矶，或仿真山之一角创为平岗小坂，或作为空间之屏障，或散置，或倚墙而筑为壁山，等等，手法多样，技艺高超。造园者的主要构思是“小中见大”，即在有限的范围内运用含蓄、扬抑、曲折、隐喻、暗示等手法来启示人的思想，造成一种似乎深邃不尽的景境，以扩大人们对于实际空间的感受。

二是，花草树木趣味横生。中国园林的树木栽植，能起到绿化的作用，更重要的是具有诗情画意。园林中的花草多为人工栽植与养育。江南因气候温和湿润，花木生长茂盛，园林植物多以落叶植物为主，配合若干常绿树，再辅以藤萝、竹、芭蕉、草花等构成植物配置的基调，能够充分利用花木的生长构成不同的季相景观。花木也往往是观赏的主题，园林建筑也常以周围花木命名，还讲究树木孤植和丛植的画意经营，尤其注重古树名木(见图 1-11)的保护和利用。

图 1-11 古树名木

三是，以小见大、曲折幽深。园林艺术的关键在于“景”。为了求得景的万变、意境的幽深，中国私家园林在布局中无不极尽蜿蜒曲折之能事，无论是哪种借景手法都追求“曲”，使景致越藏越深。“大中见小，小中见大，虚中有实，实中有虚，或藏或露，或深或浅，仅在周回曲折四字也”（沈复《浮生六记》），讲的正是这个道理。

### 3. 寺观园林

寺观园林在我国主要指佛寺和道观的附属园林，其范围包括寺观的外围环境和内部庭院两部分。在寺观园林中，宗教文化和园林艺术合二为一。

目前，我国传统寺观园林按照选址可以分为两种类型：山林式寺观园林和城市寺观园林。山林式寺观园林是指位于自然山水景区的寺院与其周围风景区有机结合所形成的宗教建筑与园林环境一体化的风景式园林；城市寺观园林是指位于城市内或郊外单独构设的园子，包括寺院中的庭院绿化和寺院附设的单独园子。

寺观园林的特征主要有以下两点。

一是，布局灵活多变。在选址上，宫苑多限于京都城郊，私家园林多临于宅第近旁，而寺观园林则可以散布在广阔的区域，使寺庙有条件挑选自然环境优越的名山胜地，“僧占名山”成为中国佛教史上带有规律性的现象。特殊的地理景观是多数寺观园林所具有的突出优势，不同特色的风景地貌，给寺观园林提供了不同特征的构景素材和环境意蕴。

二是，丰富的历史和文化内涵。寺观园林大多保留着珍贵的宗教文物和艺术品，具有很高的欣赏价值。一些著名的大型园林往往经历若干世纪的不断扩大规模、美化景观，积累着宗教古迹，题刻下历代文人或名僧的吟诵、品评。自然景观与人文景观相互交织，使寺观园林蕴涵了极大的历史和文化价值。（见图 1-12）

图 1-12　普陀山普济寺

## 1.3.2 日本园林

日本园林一直深受中国园林的影响，尤其深受中国唐宋山水园的影响，因此，日本园林有着与中国园林相似的自然式园林风格。但日本园林结合了当地的自然特征和文化背景，也形成了自己独特的园林风格。日本园林在不同年代和时期，其形式和主题都各不相同，因此可以说日本园林带有鲜明的时代印记，这也是日本园林的重要特征之一。

日本园林的形成、发展与日本的时代和社会的发展是密不可分的，随着时代的步伐不断地调整与转变，在漫长的历史发展中，形成了丰富多彩的园林形式和风格多样的庭院，其主要表现形式如下。

一是，池泉 · 回游式。

池泉 · 回游式是日本庭院的基本形式，在室町时代以前的日本庭院基本上都是这种带有池泉的庭院形式。对于这种形式的庭院，设计师以池泉为中心构成园林庭院，相当于中国的山水园林，既有山又有水，日本大部分园林都做成池泉的形式，或以池和泉为中心的形式。园中以水池为中心，布置岛、溪流、桥、榭、亭等，并且利用日本庭院中不可缺少的自然山石元素，将山石设计成龟、鹤形状的小岛景观，来表达美好祝愿的景观形态；同时，通过砌筑假山作为庭院的背景，并设计有瀑布从山间落下，这些都是池泉 · 回游式庭院的设计手法，其目的就是供人观赏、游玩及愉悦游园者的身心。

池泉形式的庭院，从平安年代到镰仓时代初期，基本上都是泛舟于泉池之上观赏庭院四周的景观。这种形式的庭院是以供人们能在泉池之上划船、游玩为目的的庭院，所以在庭院的设计中泉池占有很大的面积，这样人们能够泛舟观赏到动态的景观。比如平安时代的平等院是典型的池泉·舟游式的寺院园林。园中樱花、杜鹃花和莲花每年喷芳吐艳，池泉的中心位置设计了一个小岛，岛上修建了一座阿弥陀佛堂（由于这种平面布局形式形似凤凰，后被称为凤凰堂）。凤凰堂坐西朝东，喻示着西方极乐净土的含义。整个庭院的立意构思是在象征着大海的池泉的中心岛上建造凤凰堂来喻示极乐净土。（见图 1-13）

图 1-13　日本平等院

从镰仓时代后期到室町时代池泉·回游式庭院逐渐发生了变化，由以前的泛舟观景改变为人们围绕着池泉周边一边散步一边观赏四周景观的形式，即环绕池泉游玩观赏式。然而，这种形式庭院的设计目的在于让人们在环绕池泉漫步的过程之中能够一边游玩一边观赏并思考与冥想。虽然这种庭院形式的设计原则是环绕池泉观赏，但并不是所有庭院都只是简单的回游式，也依然具有舟游式庭院的特点。比如鹿苑寺金阁庭院，以远山为背景，与池泉为中心而展开的典型的回游式和舟游式兼备的池泉式庭院。庭院之中池泉的名称为镜湖池，表示像镜子一样明亮的池水。池水中映衬着周围的景色，与建筑物金阁寺交相呼应，形成美轮美奂的景色。在镜湖池内布置着各种大小不一的小岛，有的像龟，有的像鹤，等等，基本上都表现美好的愿望。人们可以通过游船的方式或围绕池泉周边漫步的方式观赏移动的景观。

二是，茶庭。

茶庭（见图 1-14）是把茶道融入园林之中，为进行茶道的礼仪而创造的一种园林形式。茶庭是一种独具日本民族特色和特征的庭院形式，又可以叫作露地，是附属于茶室的庭院，至今茶庭的景观作用已大于实用功能。

图 1-14　茶庭

茶庭一般设置在进入茶室前的一段空间里，与茶室相配并且按一定路线布置景观，面积一般都不大，可设在平庭和筑山庭之中。一般情况下，一个完整的茶庭分为外露地和内露地两个部分，两者之间的分界线是一道篱笆墙，庭院四周围绕竹篱笆，有庭门和小径。茶庭面积虽小，但要表现自然的片断，寸地而有深山野谷幽美的意境，更要与茶的精神协调，能使人默思沉想，一旦进入茶庭好似远离凡尘一般。庭中栽植主要为常绿树如矮松，庭地和石上都长有苔藓类植物，使茶庭形成静寂的氛围。以拙朴的步石象征崎岖的山间石径，以蹲踞式的洗手钵使人联想到清冽的山泉，以沧桑厚重的石灯笼来营造和、寂、清、幽的茶道氛围，均富有很强的禅宗意境。

三是，枯山水文化。

枯山水之名最早可以在平安时代的造园书籍《作庭记》中看到，那时候所说的枯山水并非现在所指的以砂代水、以石代岛的枯山水，而是指无水之庭。不过这一时期的枯山水已经具有了后世枯山水的雏形，开始通过置于空地的石块来表达山岛之意象。随后，我们看到的现存的真正的枯山水则是

在镰仓时代出现的，到室町时代达到极致，是以禅宗寺院当中的表达禅宗思想的庭园为中心发展起来的。（见图 1-15）

图 1-15　日本金阁寺枯山水

顾名思义，“山水”必有山有水，而“枯”则表示干枯，二者合在一起，看似矛盾，但这是日本最具特色的一种造园形式。所谓枯山水，就是没有真的山和水，几块大大小小的石头点缀在一片白砂之中，白砂表面梳耙出圆形等条纹，看上去耐人寻味。枯山水又称假山水，堪称日本古典园林的精华与代表。源于日本本土的缩微式园林景观，多见于小巧、静谧、深邃的禅宗寺院。枯山水庭院的表现形式与其他庭院的表现形式完全不同，在没有任何水的环境中，不使用任何水的元素，仅利用自然山石和细细耙制的白砂等材料，象征性地表现自然山水、景观及宗教思想的庭院设计。枯山水庭院没有任何的实用性功能，人们只需要从屋内静静地观赏就可以，而造园者的最终目的是表现禅宗的自然观和禅宗的精神，向人们传达宗教思想和教义。（见图 1-16）

造园师通过在白砂上布置自然的山石和点缀少量的灌木或者苔藓、薇蕨，用石块象征山峦，用白砂象征湖海的方法来创造、表现自然山水景观和人们精神中的世界，这种在设计上运用抽象和象征性的手法来展现理想的自然景观的造园手法，也就成为枯山水庭院的最大特征。

在日本庭院设计理论中，将铺设在庭院中的白砂上面描画的复杂的纹样称为砂纹。造园师通过用扫帚在白砂上描绘砂纹，可以使庭院的设计和表现变得丰富、耐人寻味。这种扫帚纹样的设计也是

图 1-16　白沙轻松庭

各种各样的，有的像漩涡形状，有的是平行排列的直线形状，有的是平行排列的曲线形状，总之变化多样、丰富多彩。通过直线表现平静的水面，曲线表现波涛汹涌的流水或涟漪。虽然铺设白砂的地方表示大海和流水，但是它并不是直接表示流水或涟漪，而用象征和抽象的表现手法来表示流水或涟漪，因此能够塑造出不同情境的庭院风格。特别是在夜晚掌灯时分，坐在屋内看外面的别致小庭院，砂纹机理清晰、立体感强烈，表现出与白天完全不同的氛围。另外，庭院的景致也会根据时间的推移表现出不同的景观效果。

枯山水庭院中的山石被用来塑造漂浮在大海上的岛屿与生命，所蕴含的都是与时代背景密切相关的宗教思想和人们内心的愿望。比如，以佛教的世界观为主题的须弥山、九山八海等，都是通过摆放石组进行象征性的表现。另外，受中国道教思想的影响，在庭园设计中将山石或石组塑造成蓬莱仙山或龟、鹤形状的小岛来表示当时的繁荣和祈祷长寿。因此，可以说石组的设计和摆放是枯山水庭院的灵魂。（见图 1-17）

虽然苔藓在植物中是最为朴素的，但在枯山水庭院中却起着渲染庭院气氛的作用。一般情况下，在枯山水庭院中利用苔藓，主要是来表现庭院的古老和枯寂，有时也用来表现生命，以与白砂的干枯形成反差，通过两者之间的对比，用以强调和表达一定的深刻意义。

在枯山水庭院的设计上，不论是庭院的平面布局形式还是空间设计，造园师都是通过利用各种不

图 1-17 枯山水石组设计

同的构成元素的反差来进行布置的，比如山石体量的大小和形状、山石和白砂、山石和苔藓等的对比来强调各种构成元素的个性，同时追求变化，并且互补各自的缺憾和不足。另外，在设计上，造园师还通过在近处布置小体块的物体，在远处布置大体块的物体的造园手法来强调空间的进深感。

## 1.3.3 法国园林

### 1. 法国古典园林的发展

在文艺复兴运动之前，法国园林还只存在于寺院及庄园里面，有高墙及壕沟围绕，是以果园、菜圃为主的实用性庭院。庭院形式简单，利用十字形园路或水渠将园地分成四块，中心布置水池、喷泉或雕像，非常重视修剪技术。园中设置覆盖葡萄等攀援植物的花架、绿廊、凉亭、栅栏、墙垣等。

随着文艺复兴运动的发展和影响的扩散，法国园林也逐渐受到影响。查理八世被意大利的文化艺术品尤其是那些精美的府邸花园所折服，带回了很多意大利的花园工匠，这为法国文艺复兴园林的发展奠定了基础。

16 世纪初，法国园林受到意大利文艺复兴时期园林风格的影响，出现了台地式花园、剪树植坛、岩洞、果盘式喷泉等。法国的造园师结合自身的条件、利用法国平坦的地形，又创造出具有自己特点的园林设计，其规模也更加宏大和华丽。即在园林理水技巧上多用平静的水池、水渠，很少用瀑布、落水；在剪树植坛方面逐步大量应用花卉，这使法国园林发展成为绣花式花坛。(见图 1-18)

图 1-18 法国园林中的花坛

17 世纪上半叶，在君权专制的统治下，法国古典主义造园艺术成为皇家御用文化。古典主义文化体现理性主义，一切文学艺术都以歌颂君主为中心任务，要求任何事物都应理性排序，因此园林地形和布局的多样性，花草树木的品类、形状和颜色的多样性，都应该井然有序，布置得均衡匀称，并且彼此协调配合。古典主义主张把园林当成整幅构图，直线和方角是基本形式，都要服从比例。花园里除植坛上很矮的黄杨和紫杉等以外，不种植其他树木，以利于一览无余地欣赏整幅图案。到 17 世纪下半叶，代表着辉煌和永恒的古典主义渗透到了法国文化的各个领域，特别是园林领域，因而产生了一大批优秀的作品。勒诺特尔是法国古典园林集大成的代表人物，他继承和发展了整体布局的原则，同时借鉴了意大利的园林艺术，并进行了创新。勒诺特尔构思宏伟、手法多样的造园风格适应了皇室的需要，它的出现标志着法国园林摆脱了对意大利园林的模仿，成为一个独立的流派。

18 世纪初，随着法国中央专制政权的衰落，古典主义园林艺术也衰落了。新的设计潮流是重视自然的美。正是在这一时期，法国产生了对后世影响极大的浪漫主义洛可可风格。启蒙主义思想家卢梭的“返回自然去”的号召对造园艺术具有很大的影响。

法国风景式造园思想有三个方面的倾向，首先是在造园品味上的变革和强烈要求富有变化的设计手法；其次是彻底抛弃了长期以来的勒诺特尔式园林风格;最后是造园要回到自然中去,而且是要回归自然本身。在这个过程中,法国人一方面从传教士带来的中国报告中借鉴中国造园艺术,另一方面借鉴在中国造园艺术启发下刚刚形成的英国自然风景园。他们借鉴了中国的造园艺术中天然野趣的布局和风格,还仿造中国式的亭、阁、塔、桥等。1774 年在凡尔赛园宫苑建成的小特里阿农花园(见图 1-19),被称为是“最中国式”的园林。

图 1-19 小特里阿农花园

2. 法国古典主义园林特征

法国园林在勒诺特尔时代表现出越来越强烈的巴洛克倾向。勒诺特尔大胆舍弃了意大利园林烦琐装饰的巴洛克风格,创造了一种清新自然的新风格。勒诺特尔式园林设计具有典雅庄重的形象,局部处理也别具一格,其主要特征为:具有平面图案感很强的铺展感;在选址上比较灵活。许多成功之作就是将沼泽之类的地形改造成园林景观的。法国古典主义园林善于利用宽阔的园路形成贯通的透视线,采取了设置水渠的方法构造出非常恢宏的风景。正因为如此,所以勒诺特尔造园又被称为“广袤式”园林。法国古典主义园林在平面构图上采用了意大利园林轴线对称的手法,主轴线从建筑物开始沿一条直线延伸,以该轴线为中心对称布置其他部分。在局部设施方面,勒诺特尔也有一些非常奇妙的独创,从而也成为法国古典主义园林特色的一部分。

1) 水景的处理

喷泉和水渠是法国园林中水景处理的主要两个方面。古典主义园林设计中水是不可或缺的,巧妙地规划水景,特别是善用喷泉等流水能表现庭院的勃勃生机。法国古典主义园林中喷泉的设计方案繁多,它们大多拥有特定的寓意,并且能够与整个园林布局相协调。如凡尔赛宫苑中的喷泉“拉通娜泉池”(见图1-20)、“阿波罗喷泉”等构思就非常巧妙,设计精细,充分展示出流水之美。此外,在处理坡地时,往往利用地下水泵将水从下层水盘吸至上层水盘,并建造一排小喷水口,有时还在水盘底部铺以彩色的瓷砖和砾石。应用水渠主要是为了创造开阔的视野和优美的景观,水渠的存在为园主举办各种活动提供了多种可能性。正因为具有如此巨大的感染力,水渠在法国乃至欧洲造园中得到了广泛运用。

图 1-20 拉通娜泉池

2) 花坛

勒诺尔特设计的花坛有六大类型,即刺绣花坛、组合花坛、英国式花坛、分区花坛、柑桔花坛、水花坛。(见图 1-21)

图 1-21 勒·诺特尔作品——阿斯泰利克斯主题公园

3）树篱和丛林

树篱是花坛与丛林的分界线。树篱一般栽种得很密，行人不能随意穿越，而另设有专门出入口。树篱常用树种有黄杨、紫杉、米心树等。丛林通常是指一种方形的造形树木种植区，分为滚木球戏场、组合丛林、星形丛林、V形丛林四种。滚木球戏场在树丛中央辟出一块草坪，在草坪中央设置喷泉。草坪周围只有树木、栅栏、水盘，而投有其他装饰物的组合丛林和星形丛林中都设有许多圆形小空地。V形丛林则在草坪上将树木按每组五棵种植成V形。

4）花格墙

法国古典主义园林将中世纪粗糙的木制花格墙改造成为精巧的庭院建筑物并引用到庭院中。勒诺特尔造园中花格墙成为十分流行的庭院要素，当时得到广泛应用。庭院中的凉亭、客厅、园门、走廊及其他所有建筑性构造物都用它造成。花格墙不仅价格低廉，而且制作容易，具有石材所不可比及的优越性。

5）雕塑

法国古典主义园林中的雕塑大致可分为两类：一类是对古代希腊罗马雕塑的模仿；另一类是在一定体裁基础上的创新。后者大多个性鲜明，具有较强的艺术感染力。

### 3. 法国古典主义园林实例

1）沃勒维贡特庄园

沃勒维贡特庄园（见图 1-22）是勒诺特尔的代表作之一，标志着法国古典主义园林艺术走向成熟，是一个 600 m 宽、1 200 m 长的大庄园。庄园 1657 年始建，1661 年建成，府邸富丽堂皇。花园在府邸的南面展开，由北向南逐渐延伸。东侧地形原先略低于西侧的，勒诺特尔有意抬高东边台地的园路，使得中轴左右保持平衡，由此望去府邸更加稳定。中轴两边各有一块草坪花坛，中央是矩形抹角的泉池。外侧园路在丛林树木的笼罩之下，形成适宜散步观景的甬道；尽端各有一处观景台，下方利用地形开挖进去，是用于祈祷的小洞府。第二段以称为水镜面的方形水池结束，南边的洞府或北边的府邸倒映在水面上，起承上启下作用。南北两段挡土墙处理得完整而大气，既与大运河的尺度相协调，又增强了水空间的完整性。

图 1-22　沃勒维贡特庄园

2）凡尔赛宫苑

广义的凡尔赛宫苑分为宫殿和园林两部分，宫殿指主要建筑凡尔赛宫，园林分为花园、小林园和大林园三部分。庞大恢宏的宫苑以东西为轴，南北对称，中轴线两侧分布着大小建筑、树林、草坪、花坛和雕塑。宫殿顶部摒弃了法国传统的尖顶建筑风格而采用了平顶形式，显得端庄而雄浑。中轴线上建有雕像、喷泉、草坪、花坛等。宫前广场有两个巨型喷水池，沿池伫立着 100 尊女神铜像。它规模宏大，风格突出，内容丰富，手法多变，完整地体现出古典主义艺术的造园原则。园林经过三个阶段改扩建，从 1662 年动工兴建到 1689 年大体建成，其间边建边改，有些地方反复修改多次，力求精益求精。凡尔赛宫苑所在地区原来是一片森林和沼泽荒地。1624 年，法国国王路易十三买下了约 473500 $m^2$ 的荒地，在这里修建了一座二层的红砖楼房，用作狩猎行宫，勒诺特尔为其设计了花园和喷泉，原行宫的东立面被保留下来作为主要入口，并修建了大理石庭院。（见图 1-23、图 1-24）

在凡尔赛宫苑中最引人注目的部分当推沿主轴建造的“大水渠”。后来从这条水渠中部分出两条支流，形成十字形水渠。宫苑位于丘陵地带，主轴线垂直于等高线布置，这样能够使轴线两侧的地形基本持平，便于布置对称的要素，获得均衡统一的构图。轴线垂直于等高线，地势的变化就会反映在轴线上，因而勒诺特尔式园林的主轴线是一条跌宕起伏的轴线。而轴线又是空间的组织线，因此园林中的空间也是一系列跌宕起伏、处在不同高差上

图 1-23　凡尔赛宫苑

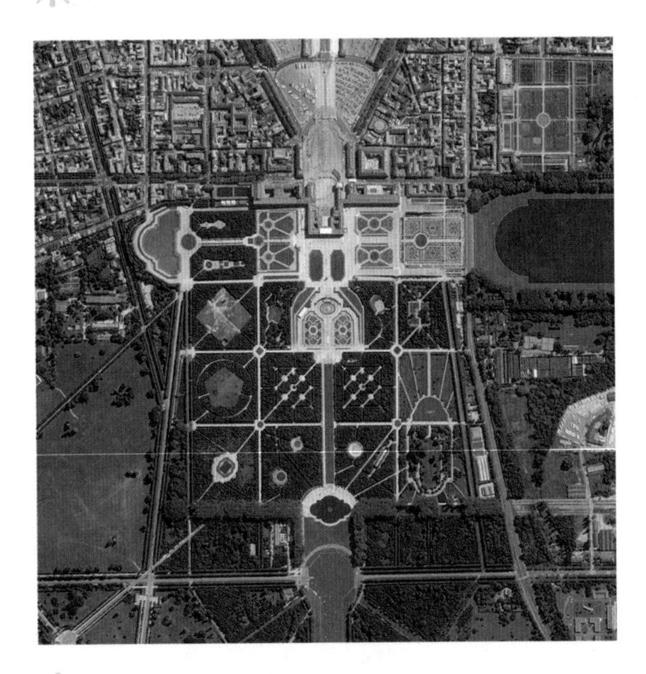

图 1-24　凡尔赛宫苑平面实景

的空间。凡尔赛宫苑园林空间的另一个独到之处是有一些独立于轴线之外的小空间——丛林园。丛林园的存在使得园林在一连串的开阔空间之外，还拥有一些内向的、私密的空间，使园林空间的内容更丰富、形式更多样、布局更完整，体现了统一中求变化，又使变化融于统一之中的高超技巧。

凡尔赛宫苑的空间关系是极为明确的，完全可以用“疏可跑马，密不容针”来形容。轴线上是开敞的，尤其是主轴线，极度开阔；两旁，是非常浓密的树林，不仅形成花园的背景，而且也限定了轴线空间。而在树林里面，又隐藏着一些小的林间空地，布置着可爱的丛林园。浓密的林园反衬出中轴空间的开阔。这种空间的对比是非常强烈的，效果很突出。夸张点说，在勒诺特尔式园林中，空间只有两种，开敞的和郁闭的。这种空间的疏密关系突出了中轴，分清了主次，像众星拱月一样，反映着绝对君权的政治理想，反映了理性主义的严谨结构和等级关系。

## 1.3.4 英国园林

### 1. 英国古典园林发展

都铎王朝初期，庭院大多还处在深壕高墙的包围中，多为花圃、药草园、菜园、果园等实用园。此时，英国园林的发展主要受意大利文艺复兴园林的影响。

亨利八世时期，法国文艺复兴园林成为英国人的造园样板。人们在园中频繁举行庆会等活动，庭园的重要性日益显现，使英国园林出现了新的发展趋势。

伊丽莎白一世时期，英国园林的进展不大，基本上延续着中世纪以来的造园手法，绿色雕刻艺术盛行，植物迷宫也深受人们喜爱。

16 世纪，英国造园家逐渐摆脱了城墙和壕沟的束缚，追求更为宽阔的空间，并尝试将意大利、法国的园林风格与英国的造园传统相结合。

17 世纪上半叶，意大利和法国园林对英国园林的影响不断深入，但由于政局不稳，查理一世时期英国园林的发展受到限制。到 17 世纪末，威廉三世热衷于造园，并将荷兰的造园风格带入英国。园中的装饰要素也更加复杂，法式风格的人工性设计手法被进一步加强。直到 18 世纪初，法国风格的整形式园林仍受到英国人的喜爱。

18 世纪，回归自然的思想和政治体制的转变，民族主义艺术观、社会经济、文学绘画等都有了很多改变，人们视野的扩大以及对自由的更大追求，使得英国自然风景式园林开始产生，如图 1-25、图 1-26 所示。由于资产阶级启蒙主义思想影响英国，追求自由的英国人完全摒弃了此前规整的几何式园林，重新发现自然，追求自然之风。这与中国士大夫在园林中的追求相近，于是中国风也影响着英国园林的设计。18世纪前期，可以称为洛可可园林时期。这也是自然式园林渐渐产生的时期。范布勒已开始从风景画的角度出发来考虑造景了。布里奇曼创造的界沟(哈-哈隐垣)，使得园林与周围的自然风景连成一片，在视觉上消除了园林内外的阻隔之感，将园外的山丘、田野、树林、牧场，甚至羊群等借入园来扩大园林的空间感。他们开创的不规则造园手法等，为真正风景式园林的出现开辟了道路。18世纪中期则是自然风景园真正形成的时期。这一时期最活跃的造园家是威廉·肯特，他对斯陀园进行了全面改造。进一步将直线形的界沟改成曲线形的水沟，同时将水沟旁的行列种植改为自然植物群落，他的名言是“自然厌恶直线”。在当时英国的庄园美化运动形成了一股热潮。

图1-25　英国切兹渥斯庄园花园

图1-26　英国切兹渥斯庄园花园

牧场式风景园时期。1760年之后，英国自然乡村风貌的改观，使得在乡村建造大型庄园的风气更加兴盛。1760—1780年，是英国庄园园林化的大发展时期。这一时期的代表人物是布朗，他的造园手法基本上延续了肯特的造园风格，但他更追求辽阔深远的风景构图，并在追求变化和自然野趣之间寻找平衡点。他完全消除了花园和林园的区别，认为自然风景园应该与周围的自然风景毫无过渡地融合在一起。

绘画式风景园时期。钱伯斯反对布朗过于平淡的自然，提倡要对自然进行艺术加工，他的造园思想和作品在当时兴起了中国式造园热潮。以布朗为代表的自然派和以钱伯斯为代表的绘画派之间的争论，促进了英国风景式造园的进一步发展。雷普顿是18世纪后期英国著名的风景造园家。他的实用与美观相结合的造园思想，带有明显的折中主义观点和实用主义倾向。

园艺式风景造园时期。19世纪，英国造园家们将兴趣转向树木花草的培植上。在园林布局上也强调植物景观所起的作用。造园的主要内容也转变成陈列奇花异草和珍贵树木。自然风景园的基本风格和大体布局经过半个多世纪的发展，已经走向成熟并基本定型，从整体上看，园艺水平有所下降。

#### 2. 英国规则式园林特征

一是，规则式园林。各种形式的水景，在英国规则式园林中十分常见，成为园林中赏心悦目的景物。英国人很喜欢趣味性很强的水技巧、水魔术等水景，所以常将水景作为庭院设计的亮点。源于古罗马的绿色雕刻艺术，受到英国人的追捧。从都铎王朝开始，直到18世纪初，绿色雕刻成为英国园林中主要的装饰元素之一，适宜造型的植物材料主要有紫杉、黄杨等。英国规则式园林的处理手法主要体现在局部构图以及造园要素的运用上。结园、花坛和草坪中的园路，都是设计的重点。设计手法的革新包括花床的运用，以砖、石砌筑矮墙，上有木格栅栏，围绕着花丛，既便于观赏，又利于排水。(见图1-27)

在园林建筑小品方面，英国园林中常见的有回廊和圆亭。回廊始于都铎王朝，大多布置在庭院的四周，用来连接各建筑物。园主们很乐意在园内建造美观、坚固的圆亭。圆亭不仅有装饰作用，而且

图 1-27 英国规则式园林

能抵御英国变化无常的天气。日晷在英国园林中是除雕像和瓶饰之外重要的点景之物，尤其是在18世纪的庭院中。日晷取代了气候温暖地区园中常见的喷泉，既可展示庭院的主题，也有自身的实用功能；同时，制作精良的日晷具有很强的装饰作用。门柱或许是英国园林中独特的要素，柱顶部多饰有家族的族徽、吉祥物或石球造型。直到17世纪末，铁艺大门在园门中还很少见。

二是，自然式园林。18世纪上半叶，自然主义思想在文化艺术领域中居于统治地位，英国自然式园林也出现了。它使自然摆脱了几何形式的束缚，以更具活力的形式出现在人们面前。造园已不再是利用自然要素美化人工环境，也不是以人工方式美化自然，而是要利用自然要素美化自然本身。(见图 1-28)

图 1-28 英国自然式园林

英国自然式园林的重要特征，就是借助自然的形式美，加深人们对自然的喜爱之情，并促使人们以新的视角重新审视人与自然的关系，将表现自然美作为造园的最高境界。随着时代的发展，人们对自然美的认识也在不断变化，在原有的自然观中又出现了各种新思潮和新观念，使得英国自然式园林在表现手法上有所不同，并形成了各种风格，但是这些园林风格都有一个共同的特点，那就是对自然美的热爱。

在园林布局上，也尽可能地避免与自然冲突，更多是运用弯曲的园路、自然式的树丛和草地、蜿蜒的河流，形成与园外的自然相融合的园林空间，彻底消除园林内外之间的景观界限。在英国自然式园林中，大片的缓坡、草地成为园林的主体，并一直延伸到府邸的周围。园内利用自然起伏的地形，一方面阻隔视线，另一方面形成各具特色的景区。

在总体布局中，建筑不再起主导作用，而是与自然风景相融合。园中没有明显的轴线或规则对称的构图，失去了原有规则式园林的宏伟壮丽，而强调浓厚的自然气息。水体设计以湖泊、池塘、小河、溪流为主，常为自然式驳岸，构成缓缓流动的河流或平静的水景效果。园路设计以平缓的蛇形路为主，虽有分级，但无论主次，基本都是以自然流畅的曲线表现，给人以轻松愉快的感觉。植物配置模仿自然，并按照自然式种植方式，形成孤植树、树团、树林等渐变层次，一方面与宽敞明亮的草地相得益彰，另一方面使得园林与周围的自然风景更好地结合在一起。(见图 1-29)

图 1-29 英国博奈森庄园

“哈-哈”墙又称为隐垣或界沟，是由布里奇曼率先采用的。它以环绕园林的宽壕深沟，代替了环绕花园的高大围墙。隐垣的运用，除了界定园林的范围、区别园林内外、防止牲畜进入院内造成破坏之外，还使得园林的视野得到前所未有的扩大，使园林与周围广阔的自然风景融为一体，消除了园林与自然之间的界限。隐垣是英国自然式园林中独特的造园要素。

在英国自然式园林中，树木不再采用规则式种植形式。为了体现与自然相融合的原则，树木采取不规则的孤植、丛植、片植等形式，并且根据树木的习性，结合自然的植物群落特征，进行树木配置。乔木、灌木与草地的结合，以及自由的林缘线，使得整个园林如同一幅优美的自然风景画。此外，种植的植物还常常起到隔景的作用，以增加景色的层次，营造更加自然的景观效果。在自然式园林中，所谓的花境就是指花卉的运用：一是在府邸周围建有小型的花园，并将花卉种植在花池中，四周围以灌木；二是在小径两侧，时常饰以带状种植的花卉，营造接近自然的野趣效果。

自然式园林的造园家在将风景画作为造园蓝本的同时，也将画家们杜撰的点缀性建筑物引入园林(这是对希腊园林设计的模仿)。点缀性建筑物代替了规则式园林中常见的雕像，成为园林景点的主题。这些小建筑物大多是毫无实用功能的装饰物，主要是用来形成园林内的视线焦点，构建浪漫的古典情怀或异国情调，也有的可供人们在园中小憩。尤其是在浪漫式风景园中，基本上每个园林中都有很多建筑物。以中国风格为代表的异国情调，也成为园中建筑的主题。中国式样的亭台楼阁，是园中在数量上仅次于古代神庙的小建筑，往往布置在地势较高处，由数根圆柱相围，顶部设一个半球形穹顶，中央多安放一尊大理石雕像。

在英国风景园林中，常用岩石假山代替规则式园林中常见的洞府。园桥也是自然式园林中常见的构筑物，有联拱桥和亭桥等形式，常架设在溪流或小河之上，既有交通功能，又起到观景和造景作用，如图 1-30 所示。联拱桥一般较为低矮；廊桥则采用高大的帕拉迪奥式样，是长廊与小桥的完美结合。廊桥造型生动，装饰精美，是英国自然式园林的独创。

图 1-30 英国海德公园中的石桥

### 3. 英国规则式园林实例

1) 汉普顿宫苑

汉普顿宫苑是都铎王朝时期重要的宫殿，坐落在泰晤士河的北岸，占地面积很大。汉普顿宫苑的建成，在英国具有划时代的意义。此前，英国人还不曾设想在郊外建造大型庄园。(见图 1-31)

图 1-31 汉普顿宫美景

汉普顿宫苑由游乐园和实用园两部分组成。花园布置在府邸西南的一块三角地上，紧邻泰晤士河，由一系列花坛组成，十分精致。庄园的北边是林园，东边有菜园和果木园等实用园。亨利八世扩大了宫殿前面花园的规模，并在园内修建了网球游戏场。1533 年又新建了封闭宁静的秘园，在整形划分的地块上有小型结园，绿篱图案中填满各色花卉，铺有彩色砂砾园路，这说明它的设计受到了意大利园林设计的影响。还有一个小园以圆形泉池为中心，两边也是图案精美的结园。秘园的一端接池园。池园是园中现存的最古老的庭院，布置成下沉式，周边逐步上升并形成三个低矮的台层，外围有绿篱及砖墙。矩形园地中以"申"字形园路分隔空间，中心为泉池，中轴正对着一座维纳斯大理石像，以整形紫杉做成的半圆形壁龛为背景。乔治·伦敦等人负责汉普顿宫苑的改扩建工程。他们完全遵循了勒诺特尔的设计思想，形成以平坦、华丽见长的新汉普顿宫苑。宫殿的主轴线正对着林荫道和大运河，宫殿前是半圆形刺绣花坛，装饰有 13 座喷泉和雕像，边缘是整形椴树回廊。

2）霍华德城堡园林

霍华德城堡（见图 1-32）是建筑师约翰·范布勒爵士为卡尔利斯尔伯爵三世查理·霍华德设计的。范布勒是著名的巴洛克建筑师，也是英国历史上伟大的建筑师之一。约翰·范布勒以大量的瓶饰、雕塑、半身像和通风道等装饰城堡建筑；花园中也装点着精美的小型建筑。在英国的庄园建设中，这些都属于开创性的手法。

图 1-32　霍华德城堡

城堡建筑采用了晚期巴洛克风格，在造园样式上也表现出与古典主义分裂的迹象。霍华德城堡园林是 17 世纪末规则式园林向风景式园林演变的代表性作品。范布勒反对由单调的园路构成毫无生趣的轴线，转而寻求空间的丰富性；改变规则式造园准则，寻求更加灵活自由却又不失章法的园林样式。霍华德城堡园林面积超过 2 000 平方米，地形自然起伏，变化较大。霍华德城堡园林在很多方面都显示出造园形式上的演变，其中以南花坛的变化最具代表性，在造园艺术史中的意义也更大。在巨大的府邸建筑前的草坪上，拥有着由数米高的植物方尖碑、拱架及黄杨造型组成的花坛群。

园林由风景式造园理论家斯威泽尔设计，他在府邸的东面设置了带状小树林（称为“放射丛林”），让流线型园路和密度极大的绿荫小径组成的路网伸向林间空地，在园林中布置了环形廊架、喷泉和瀑布等。直到 18 世纪初，这个“自然式”丛林与范布勒的几何式花坛之间还存在着极其强烈的对比。后人将斯威泽尔设计的这个小丛林看作是英国风景造园史上具有决定意义的转变。

## 1.4 现代园林设计理论观念

21 世纪是注重人与环境和谐发展的生态时代，随着全球可持续发展战略的确立，一种新的生态价值观正逐渐成为规范我们社会行为的指导原则，环境设计的生态变革必然导致园林设计的发展同样进入一个新的历史时期。随着人类的生活质量要求日益提高和生态环境问题日益复杂，新的时代背景给予了园林设计这一学科新的时代意义。基于人类整体意义上的生存价值与个体意义上的生活品质之间的利益平衡，居住行为被放到整个自然的生态系统之中去考量，生态的园林设计也被当作建设美好和谐社会的伦理性行为，并被提高到了一定的高度，这就要求我们在设计中要有正确的设计观并保持一定的社会责任感和使命感。

### 1.4.1 现代园林设计的生态自然观

工业与科技的高速发展，在给人类带来方便的同时，也带来了负面的效应，全球生态环境状况日益严峻，人类要生存就必然重视自然生态的维护，怎样完善设计以减小对环境的负面影响，成为现代园林设计者当前面临的一项最为重要的任务。树立正确和行之有效的生态设计观是影响未来环境发展的要点，是营造具有高质量、高品质的空间环境的有效途径。但是，在现代社会，我们一提到生态设计，大多都简单地将其理解为绿化率达到了多少，事实上，生态关乎诸多方面，它不仅仅体现在绿化方面，而且体现在对地域文化的尊重与保护，以及对地理特征和自然资源的合理利用与开发方面，这些都是园林设计在生态保护方面所要涉及的内容。

现代园林设计要求设计者充分依凭场所条件和特性，因地制宜地采用最合适的方法和手段进行设计，以求得最经济和最朴实的生态景观。计成的《园冶·相地》中提到了“高方欲就亭台，低凹可开池沼；卜筑贵从水面，立基先究源头，疏源之去由，察水之来历，相地合宜，构园得体”的理论，他的理论依然是现代园林设计中的重要理论。他强调设计必须根据原有场地的地形进行改造，以减少挖填土方来塑造地形的巨大成本，既可以节省资金和能源，也可以利用地形进行造景。所以我们应该发扬中华民族厚德载物的生态伦理文明，亲近自然，尊敬自然，顺应自然，效法自然，达到天地与我并生，而万物与我为一的境界。（见图 1-33、图 1-34）

图 1-33　苏州园林——沧浪亭

图 1-34　南昆山十字水生态度假村

现代社会提倡生态园林城市的发展建设，这需要人的参与及生态自然系统和社会经济等各种要素的参与，这是一个综合、复杂的人工系统，而园林生态系统则是这个系统中维系自然要素的关键所在，对于园林生态系统设计的本质认识是使城市生态环境朝着良性的方向发展以提高人居生活环境质量。无论是一个城市的生态系统的建设，还是一处生态园林景观的设计规划，归根结底是把为人服务的、和谐的、高效的、良性的建设目标作为长远的目标，目的在于保持生态系统自身不断健康发展的同时还要不断提升人居生活环境的品质。

## 1.4.2 现代园林设计的和谐人性观

和谐包括人与自然、人与人、人与自身的和谐。正是在对这种种和谐的追求中，不断体现出人类对理想价值和理想生活方式的永恒追求。过元炳在《园林艺术》中主张园林设计不仅要适合人的游憩，更重要的是要体现生活之美。现代园林设计中所谓的和谐之美，要求设计者设计时考虑园林的现代化、智能化、功能性、安全性等方面的具体问题，遵循和落实以人为本的设计原则，从而营造安全、高效、健康和舒适的诗意的生活环境。

现代园林设计的最终目的就是为人们营造舒适、自然的生活和居住环境，所以我们在进行设计的时候必须要考虑到当代的文化和历史背景，现代园林已不再是私家园林，更多的是一种共享空间的设计，因而现代园林设计的焦点和落脚点应该是以公共群体的人（也就是指社会学意义上的人群，他们有着物理层次的需求和心理层次的共性需求）为本。因此，人性化的设计观是现代园林设计中的基本原则，在这个原则下，设计者应最大限度地让其适应人的行为方式，满足人的情感需求，使人在这个环境里感到舒适、愉悦。

现代园林设计中所说的以人为本的设计首先是为人提供良好的自然环境，这是不同于中国古典园林设计中移天缩地、师法自然的环境营造形式，首先设计者要让设计与城市文脉和它的自然环境相协调，其次园林最基本的功能是为人所使用，园林要有具体的实用价值，同时要具有一定的现代审美价值，美好的东西是能打动人内心的东西，而增加了文化因素的东西则更能引发人的想象和联想，更能引起人的共鸣，因此以人为本应强调在实用的同时更要富有精神内涵、文化内涵和场所精神。再就是人性化的考虑，依据具体设计中的具体情况，人性化设计的理念也在不断更新和落地，设计者要尊重人们的情感，把握其不同性质的内涵，创造有生命力、持久力、情趣化的环境场所来满足现代人的各种需求。只有这样，才能真正做到以人为本，充分利用种种因素来体现现代条件下的园林设计的意义。如巴西米度雷那公园在密集的居住区，97%的城市土地被用作建设用地，人均绿化面积不到1 $m^2$。然而，新建的米度雷那公园（见图 1-35）改变了这一面貌，让当地人的生活焕然一新。对普通人来说，到公园欣赏风景是一件非常容易的事，可对盲人来说，这似乎不太可能。芳香多感园是专供盲人朋友参观游览的园区，也是名人植物园的特色园区。芳香多感园针对盲人的触觉、听觉、嗅觉等需求，种植无毒、无刺，具有明显的嗅觉特征、植株形态独特、色彩鲜艳的各类植物，并合理设置盲文和语音系统，修建了盲道等无障碍设施。

图 1-35　巴西米度雷那公园

## 1.4.3 现代园林设计的创新发展观

所谓创新设计观，是指在满足人性设计和生态设计的基础上，对设计者提出更高的要求。这一设计观主要是为了避免千篇一律的现代园林设计这一重点问题。这就要求我们的设计者不拘泥于现有的一些园林表现形式，充分打开设计思路，将传统与现代的文化、技术、科技、地域特点等具有特色的设计内容巧妙地融入其中，因而就要求设计者能够从不同的方向和思路上展开设计，运用灵活、独特的思维方式。只有不断地去运用创新的、发散性的思维，敏感而独特的设计感受才能带来具有新意的现代园林设计，从而带给人们更多元化的现代园林风格。

现代园林设计注重设计要素各个方面的创新。现代园林的设计要素非常丰富，除了传统的地形、水体、植物、建筑与构筑物等形体要素外，现代设计者还可以通过高科技自由地运用光影、色彩、声音、质感等形式要素。即便是传统的要素，现代设计者也可以挖掘出许多新的应用方法。例如法国的西蒙、瑞士的克莱默和美国的野口勇等设计师将地形本身作为景观来进行设计，西蒙在 20 世纪 50—60 年代提出的用点状地形加强围合感及线状地形创造连绵空间的思想极富创新。而设计师克莱默在为庭院博览会设计的诗园中，大胆地运用三棱锥和圆锥台塑造地形，使雕塑般的地形与自然环境形成了鲜明的对比。诗园具有当时美国产生的大地艺术的基本形式，因而有人认为克莱默是欧洲大地艺术的开创者。在植物方面，设计者的新用法首先体现在科学的运用上，其次是有选择性的运用，根据场地的功能及观赏的需求来选择相适应的植物。

现代社会，由于科技的进步，新材料、新技术层出不穷，因而现代主义园林设计者有条件采用新型材料来进行现代语境的环境营造。建筑师 Takao Shiotsuka 在日本熊本县菊池市计划建造一系列袖珍公园，从而让城市更加紧密地结合在一起。市民和游客在城市中流连，更好地体会和享受这座城市。每个公园都有各自的主题，将水池与日本传统枯山水结合，创造出了一个童话般的小景观，儿童会在水池边嬉戏，成人则可以坐在“石块”上歇脚。

袖珍公园就像城市中点缀的小景观，人的参与让景观显得更加生动鲜活。图1-36所示即为建筑师Takao Shiotsuka的作品。科学技术的进步使现代园林设计可运用的要素和表现形式更丰富，仅从水景来看，就有数不清的表达形式，瀑布、喷泉各种形式让人眼花缭乱、目不暇接。

图1-36　建筑师Takao Shiotsuka作品

现代主义园林不仅在设计要素上进行了创新，在设计形式上也有很大的突破，一改传统园林的那种呆板、生硬的对称模式，取而代之的是各种简洁、自由的表达形式，设计者在满足使用功能的基础上开始注重设计形式本身的探索与创新。例如丹凯利喜欢采用几何网格的整体布局形式，他为坦帕市银行总部所设计的花园，正是采用了这一布局形式；而埃克博则习惯运用自由的曲线进行平面构图，形成一种舒展随意的形态，他所设计的奥克兰运河公园，正是通过不同的设计元素创新，在狭长的场地内营造出舒适的景观空间。

关于现代园林设计，许多设计者在满足设计作品功能需求的同时，还常常借用多种姊妹艺术的创造手法进行形式创新，不仅丰富了园林艺术的表现形式，给人们带来了多种美感形式的感受，同时也为以后的园林设计提供了更多的思路，不仅有利于我国传统瑰宝的传承，同时也为世界现代园林艺术设计的拓展带来了新的内容和表现形式。

### 1.4.4　现代园林设计的文化艺术观

现代园林设计不仅仅需要简单的形式美感，而且应尽可能地使人与自然合一共生、人与社会和谐共融、人与人和睦相处。在园林设计中，通常有自然美、艺术美、生态美。泰山日出、黄山云海、云南石林、烂漫的山花、纷飞的彩蝶等都是美丽的自然景色，都会让人产生美的感受与遐想，人们在欣赏自然美、生活美的同时，孕育了主观的艺术美。艺术美是自然美和生活美的升华。无论是王维的“明月松间照，清泉石上流”，马致远的“枯藤老树昏鸦，小桥流水人家”……还是范宽的《秋山行旅图》、徐渭的《青藤书屋图》，无不创造出一种令人神往的美妙境界。

艺术设计观是现代园林设计中对美的更高层次的追求，在设计中不断寻求新的艺术表现形式，提取新的审美元素，使园林在设计表现上更加丰富多彩，充分体现和运用对称与均衡、对比与统一、比例与尺度、节奏与韵律等不同的表现规律来体现设计主题的艺术特征。现代园林设计要求在园林设计的方方面面都运用艺术的美感进行表达，在规划布局、造型色彩、材料结构等的营造上均赋予其特有的主题艺术形式，从而为现代园林空间的营造增加艺术的内涵，诸如，一个抽象的园林小品，一处耐人寻味、引人思考的雕塑作品，一方具有特色内容的铺装，都会带给人以艺术的感受及美的体验与遐想，这些都表现出现代艺术设计观在园林设计中很好应用的效果。我们学习园林设计时，必须要巧妙、主动地将艺术观念和艺术语言结合并运用到园林设计中去，在现代园林设计的方方面面发挥它们的艺术魅力。

# 第2章

## 现代园林空间设计

XIANDAI YUANLIN KONGJIAN SHEJI

在世界各地的风景园林设计中，由于所处地域环境的不同，即使在同一地域不同时期的风景园林设计也产生了差异性明显的风格特征，在形式、材料、技术等方面呈现出不同的特点。但是，在这些不同种类的园林设计中都包含着对空间的组织与规划。可以说，园林空间组织是设计的核心，是园林设计的根本目的，为各种设计要素、形式的设计提供了内在支撑。（见图 2-1）

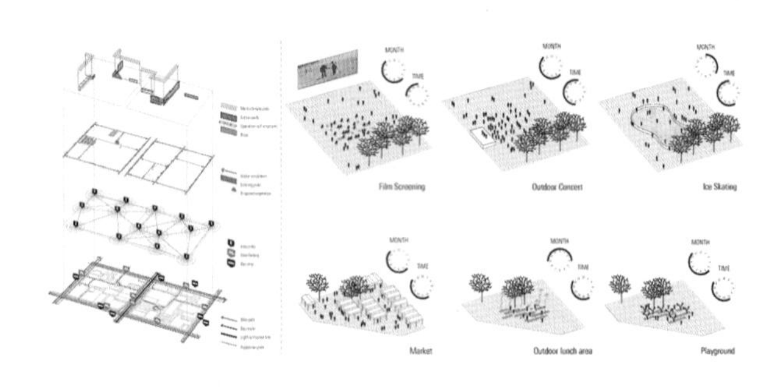


图 2-1　空间轴测、透视分析图

# 2.1 园林空间的定义与类型

园林空间设计是一个复杂的过程，只有从简单的空间认知入手，掌握园林空间的基本类型和界定方式，才能够为将来的综合设计提供扎实的理论基础。本节内容主要讲述园林空间的基本概念。

## 2.1.1 园林空间的定义

在不同的学科领域中，对空间定义的理解有着较大差别。数学、物理等科学领域对空间的定义包含着对特定内容的指示，是一种具象、客观存在的概念，这种定义对从事设计类相关学科的新人来讲，有着较大的偏差。对建筑、园林相关从业人员来讲，他们对空间的理解有着特殊的方式。

“埏埴以为器，当其无，有器之用。凿户牖以为室，当其无，有室之用。故有之以为利，无之以为用”——老子《道德经》。意思是说：揉和陶土做成器皿，有了器具中空的地方，才有器皿的存储功能与作用。建造房屋并开凿门窗，使房屋有了四壁内的空间，才有房屋的作用。所以，“有”给人便利，“无”发挥了它的作用。上文所述内容正是对“空间”的准确感受与理解。从园林设计角度来看，人对户外空间的需求必须要借助一定的要素来实现，地形、植物、构筑物与水体等设计要素正是《道德经》这段文字中所讲述的“有”，而围合之后的环境空间是所谓的“无”，外在的园林形式给人提供了所需要的媒介，内在的园林空间满足了人休憩、游赏的需求。

园林空间是满足人们对室外游赏、休憩的需要，运用植物、地形、水体等园林设计要素与形式所构成的外部空间的统称，在园林中具体表现为道路空间、广场空间、草坪空间及水体空间等不同形式的空间环境。围合、尺度、材料、肌理、质感、色彩等内容的不同组合所形成的空间能够让人产生不同的体验。设计师可以根据需求进行综合处理以实现空间的功能与质量，在设计过程中既要考虑空间本身所承载的特性、内涵，又要注重整体环境中诸多空间的相互关系。

园林空间虽然与建筑空间有着共同的内涵，但是与建筑空间不同的是，园林空间从整体角度来看是没有顶部界面限定的。例如，花园、广场、小庭院、建筑周边绿地等园林空间没有“屋顶”，而建筑空间往往都具有“屋顶”，这是园林设计初学者需要留意的地方。

## 2.1.2 园林空间的类型

园林空间按照不同的分类方式，可以分成不同的空间类型。本节从以下六个方面来简单介绍园

林空间。

### 1. 内向空间与外向空间

1）内向空间

内向空间的主要特点是由建筑物、地形、植物等要素围合，空间具有强烈的内聚力。较为常见的内向空间有中国传统民居建筑庭院——四合院、建筑中庭景观、街道中心广场及居住区绿地等。这些园林、景观的空间所具有的主要特征是：空间界面内向，形成以园林、景观场地为中心的内心感强烈的格局，与周边其他空间具有明显的独立性。中国传统园林中的庭院多取内向布局形式。亭台楼阁建筑界面较为完整统一，形成空间围合的统一特点。此种布局形成的园林、景观空间较为宽敞、集中，即便是在极其有限的空间内，也能够采用“占边把角”的手法，在空间周边布置多种要素，在中间减少阻隔视线的要素，从而形成丰富空间体验的同时而不造成拥挤感、局促感。（见图 2-2、图 2-3）

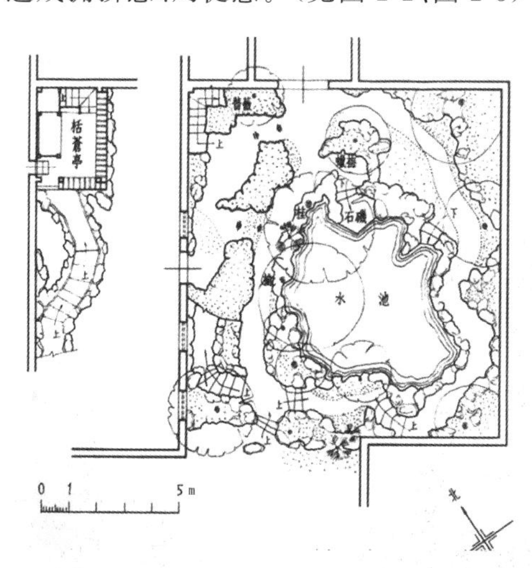


图 2-2　残粒园平面图

图 2-3　残粒园实景

内向空间的布局形式需要借助界面围合才能实现，因此也存在着局限性：首先，较大规模的内向空间受到围合界面高度的影响，如果周边构筑物、地形、植物等要素过低，加之地面尺度过大，则容易使空间产生单调、空旷之感；其次，内向空间受界面围合，略显沉闷，缺乏生气。

2）外向空间

外向空间是与内向空间相对应的一种形式，从建筑物、地形向外扩展得到的空间，场力具有较强的离心特征，视野广阔，给人开阔、舒心之感。在尺度较大的园林中，常采用湖心岛、亭及突起地形上的建筑物等为中心的空间设计。（见图 2-4）

图 2-4　天坛

### 2. 主体空间与从属空间

1）主体空间

主体空间是指系列空间组合中占据主要控制力的部分。主体空间在一组空间系列中起着主导作用，能够主导空间组合的整体特性，也起到联系其他从属空间的作用。通常情况下，主体空间是开放、通透的，向外延伸联系、制约其他各分支空间。在园林、景观设计中，主体空间是最重要的，是能够突现园林空间的性格部分，主体空间一般是园林中的主景。

2）从属空间

从属空间是指主体空间的附属部分，为主体空间服务并丰富空间组合的层次，增强人在空间中的体验，是处于从属地位的空间。从属空间受主体空间制约，是空间系列中的“配角”，在空间过渡中能够增加空间层次、深度，增强人在空间中移动时的体验。从属空间表现方式有很多，可以具有独立的界面，也可以采用开放性的空间。（见图 2-5）

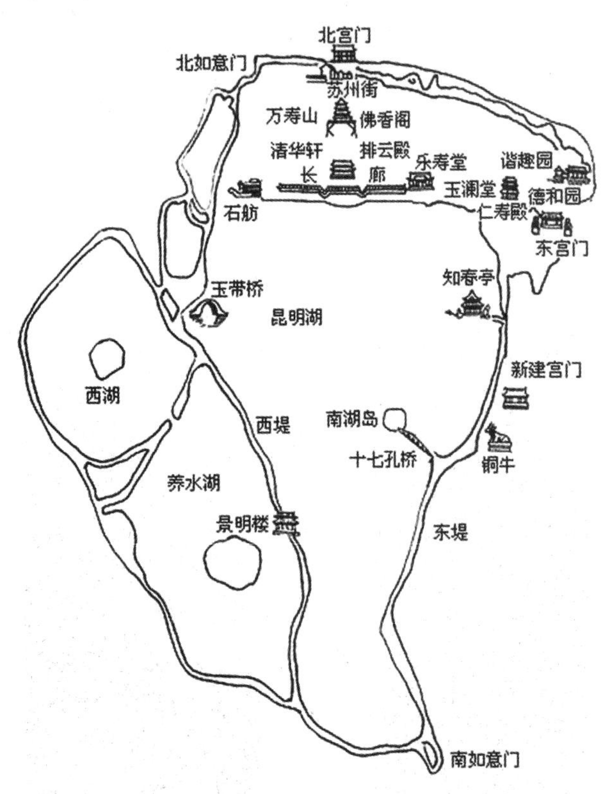


图 2-5　颐和园空间主从关系

### 3. 终止空间与过渡空间

1）终止空间

终止空间是指空间组群中的端点，一般进入空间的入口只有一个，是“口袋空间”。终止空间属于从属空间，是主体空间的补充，具有私密性强的特点。终止空间在园林设计中应用较为广泛，随着现代人们生活方式的改变，对终止空间的使用也越来越多。例如，儿童活动场地设计，通常用此种空间布局的方式，能够起到保证儿童在父母的视线范围内，以减少意外情况的发生。（见图 2-6）

图 2-6　终止空间

2）过渡空间

过渡空间是指在主体空间与其他次要独立空间之间起联系、串联、承上启下作用的空间。过渡空间就是将两个相对独立的空间衔接起来，采用通透、半通透和封闭的形式，让游人在园林空间中获得不同体验。过渡空间在视线上采用遮蔽、抑制、曲折等形式，达到欲扬先抑的效果。在园林实例中，过渡空间往往采用曲廊、花架、假山、月门、地形等元素来使人在游览过程中体验更丰富。（见图 2-7）

图 2-7　过渡空间

### 4. 开敞空间、封闭空间和半开敞空间

1）开敞空间

空间界面围合限定性小，常常采用虚隔的方式

来围合空间。开敞空间流动性大，是人与社会和自然进行信息、物质、能量交流的重要场所，常运用对景、借景方式与大自然或周围空间进行融合。它包括山林农田、河湖水体、各种绿地等自然空间，以及广场、道路、庭院等自然与非自然空间。园林开敞空间的程度取决于场地四周的视线状况，开敞空间是外向型的，限定性和私密性较弱，强调与周围环境的交流，让人感到开放与活力，提供更多的室内外景观和扩大视野。在使用开敞空间表现时，灵活性较大，便于经常改变空间布置。在心理效果上，开敞空间表现为开朗、活跃。在对景观关系上和空间性格上，开敞空间是具有收纳性和开放性双重功能的。（见图 2-8）

图 2-8　开敞空间——英国戴安娜王妃纪念泉

2）封闭空间

封闭空间是园林设计中广泛采用的一种园林空间形式，它提供亲切易人和心理感受可靠的环境空间，满足人们安全、安定、归属和社会交往的要求。封闭空间是内向型的，是园林中常用的一种空间形式。园林封闭空间可以通过植被、地形、水流、道路等在场地的底面、立面围合出不同的空间。在大的园林空间中，封闭出不同的具有一定安定、安全、私密程度的空间，可以丰富整个园林空间，营造更好的游玩氛围，也更能体现以人为本的设计原则。封闭空间的特点：具有安全性、私密性；划分出区域功能、界限；增进外出游玩人们情感的交流，提供戏耍场所。（见图 2-9）

图 2-9　封闭空间——大理竹庵

3）半开敞空间

半开敞空间是指空间开敞度小、单方向、一面通透而另一面隐蔽，人的视线透过稀疏的物体可达到远方的空间，且视线时而通透，时而受阻，变化丰富。半开敞空间是介于封闭空间和开敞空间之间的一种过渡形态。它既不像开敞空间那样没有界定，呈开放性，也不像封闭空间那样具有明确的界定。（见图 2-10）

图 2-10　半开敞空间——意大利 Prato 中央公园

### 5. 静态空间与动态空间

1）静态空间

静态空间是指相对安静的空间状态。为了满足人生理、心理对于安静的需求，通过增强封闭性，注意空间陈设的比例、尺度，借助色彩和谐、光线柔和、视线平缓等方法营造相对安静的空间环境。园林的静态空间有以下特点：有一定的空间限定，地面有铺装等，立面有墙体、树木等；空间形态趋于平稳，视线平缓，水平、垂直的造型较多，动感的造型较少；环境宜人，给人舒适的感觉。（见图 2-11）

图 2-11　静态空间——苏州博物馆全景图

2）动态空间

有静态空间也会有动态空间，这是为了满足动静结合的规律。动态空间，相当于静态空间而言，在布局、色彩、空间形态等方面都具有动态的特点。在城市发展过程中，建筑师很早就在密集的城市中留出空地作为广场，以供公众休息、交往之用，动态的概念由此产生。人们从动的角度对事物进行观察，让人幻想到是由空间和时间构成的“四维空间”，在园林中引导人们去活动，常常使人流连忘返。动态空间的特点：具有灵活多变的优势；在园林中道路的方向与线路不是单一的而是多变的；方向性比较明确，组织引入流动空间；利用各种现代化与自动化形式，加上人的各种活动形成的丰富动势；利用有动感的块面组织艺术语言；流水与植物的应用，犹如“山重水复疑无路，柳暗花明又一村”。（见图 2-12）

图 2-12　动态空间——澳洲花园

## 2.2 空间基本要素

### 2.2.1 空间组成要素

现代园林设计风格、种类多样，形式与内容也变化多样，通过不同主题和要素综合表现的项目在自然环境、人居环境的不同条件下丰富了人们的日常生活。这些形形色色、姿态各异的园林设计从空间角度来讲，都可以抽象概括为点、线、面、体。这些基本的几何形体，以及在基本形态基础上延伸出的各种组合，就构成了园林空间。任何园林的实体元素都可以归结为点、线、面、体等基本构成要素。这些概念并非单纯的形态意义，在空间中，不同的几何形态都将转化为人类的视觉感受。掌握空间组成要素是园林设计开展美学处理的前提。

### 1. 点

“点”是园林空间组成要素中最小的单元，可以根据组合需要转换为线、面、体的形态。园林设计中的“点”是基于美学角度抽象的结果，它既没有长度也没有宽度，只能表示空间位置，通常采用“视觉焦点”的形式加以应用。例如：一个建筑周边绿地公园中的雕塑、座椅、喷泉，甚至在草坪中点缀的景观树，都可以理解为“点”的应用。在复杂空间中的实际应用，能否起到“点”的预期效果，需要根据空间尺度、人的视点、人的视野等综合考虑。一个小空间中的树荫，对树下休息的人来讲就是一个范围限定，具有“面”的特性；从大空间尺度来看，孤立的一棵树就能够起到“点”的作用。因此，在园林空间组织过程中，构成要素的安排与设计应该从不同的角度进行思考，避免主观臆想地去附加设计内涵。

在园林设计中，“点”能够成为视觉焦点，从而吸引视线，起到引导、聚焦的作用。通常，一个空间中只有一个显著的“点”更容易形成视觉焦点，多个“点”容易分散视觉注意力。园林设计中，根据场地的需要和景观的要求，有选择地布置景点位置，采用小品、广场、景观树等形式使景点从背景中跃出，成为游人的视线中心，吸引游人的目光，这是园林设计中常用的表现手法之一，如北海公园琼华岛上的白塔（见图 2-13）。

图 2-13　点——北海白塔

点，是园林空间中不可或缺的重要构成要素。（见图 2-14）

图 2-14　点——意大利特洛佩阿海星广场

### 2. 线

点沿着一定的轨迹移动就形成了线，这是几何上的理解。在园林设计中，线的构成有着特殊的作用，特别是在一些规则式、对称式的布局中有着较广泛的应用。园林中的“线”元素能够提供明确的导向性与分隔性，如交通道路、景观带等，给人明确的指向性特征。特别是当不同园林要素出现在临近区域时，线的应用能够提供明确的区分。

线元素在空间中的呈现方式有直线、曲线及自由曲线。

直线有力度，相对稳定，水平的直线容易使人联想到地平线。在园林设计中，直线的适当运用能给人以标准、现代、稳定的感觉。我们常常会运用直线来对不够标准化的设计进行纠正，适当的直线还可以分割平面。

曲线给人以柔软、优雅、动态和延续的感觉。曲线的整齐排列给人以流畅的感觉，让人想象到头发、流水等，有强烈的心理暗示作用，而曲线的不整齐排列会使人感觉混乱、无秩以及自由。（见图 2-15）

### 3. 面

面能产生充实、厚重、整体、稳定的视觉效果。几何形的面，表现规则、平稳、较为理性的视觉效果。自然形的面，不同外形的物体以面的形式出现后，产生生动、厚实的视觉效果。有机形的面，形成柔和、自然、抽象的面的形态。偶然形的面，自由、活泼而富有哲理性。人造形的面，具有较为理性的人文特点。园林设计中，面在空间中通常以草坪、水体、场地、植物群落等来体现。从形式上来看，面有规则和不规则两种，规则的面有强烈的仪式感、序列感，通常能产生稳定、庄重的视觉效果；不规则的面有着动态、灵活、自由的特点。（见图 2-16）

图 2-15 线——丹麦超线性公园

图 2-16 面——加拿大文明博物馆广场

## 2.2.2 空间比例、尺度

园林空间设计首先要对空间组合要素有一定的理解，其次掌握空间的比例与尺度。（见图 2-17）

空间的比例是指空间各构成要素自身、各要素之间、要素与整体之间在量度上的关系。

空间尺度的概念，通常被人们不加区别地仅仅用来表示尺寸的大小。实际上，尺寸只是表示尺度上的物理数据，而尺度则指人们在空间中生存活动所体验到的生理上和心理上对该空间大小的综合感觉，是人们对空间环境及环境要素在大小的方面进行评价和控制的度量。空间尺度是环境设计众多要素中最重要的一个方面，它的概念中包含更多的是人们面对空间作用下的心理以及更多的诉求，具有人性和社会性的概念。要想选择适合的空间比例，应综合考虑到功能要求和人的精神感受。

空间的三个量度中，高度对空间的尺度影响最大。空间高度可分为绝对高度和相对高度，空间构成要考虑人体尺度和整体尺度，应根据人的感受和需求来营造具有气势的大尺度或具有亲切感的小尺度。园林空间的尺度是衡量园林空间及其构成要素大小的某种主观标准，它涉及空间形象给人的视觉感受是否符合其实际尺寸的问题。（见图 2-18）

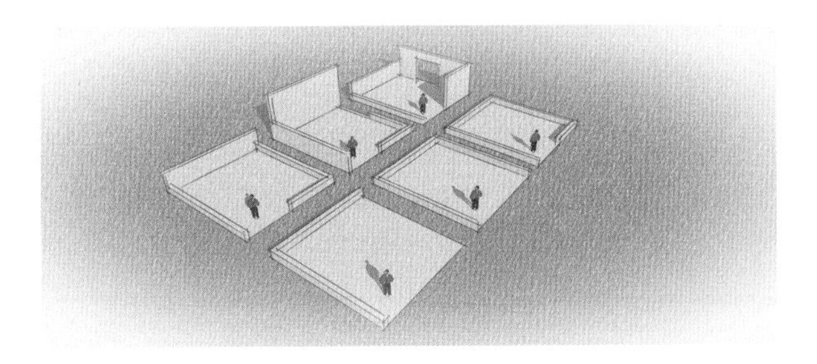

图 2-17 空间尺度

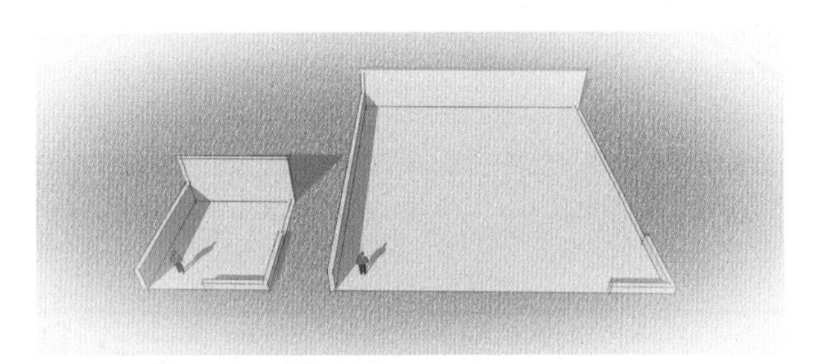

图 2-18 空间尺度大小

空间尺度有两种，即整体尺度与人体尺度。整体尺度指的是园林、景观空间中各要素之间的关系。人体尺度指的是人体尺寸与空间的尺度关系。园林设计初学者要能够在设计过程中灵活切换自身对空间的理解，在不同层级中调整设计方案。

在空间比例与尺度的问题中，有一个非常重要的概念，就是具体尺寸。园林设计行业发展到今天，形成了具备全面规范性的体系。对初学者来讲，由于缺乏经验，往往对空间问题缺乏把握，对环境和具体物体没有或缺少尺寸概念，这就需要有一定的参考数据及案例来指导设计。在园林环境中通过目视来观察、测量空间和物体的尺寸非常重要,也是一个培养尺寸感知能力的好方法。物体的高度与宽度的尺度不同,会使人产生不同的心理反应。色彩的变化也会影响空间尺度的效果。(见图2-19)

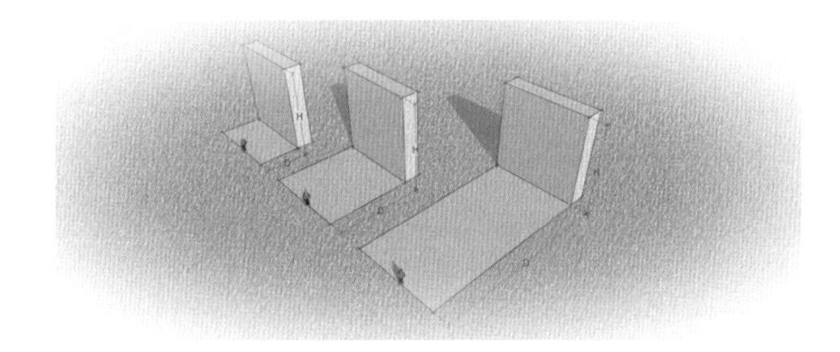

图 2-19　环境建筑高度 $H$ 与广场宽度 $D$ 的比值关系

从人的心理与生理角度来看,两人相距 1～2 m 时,可产生亲切的感觉;两人相距 10～18 m 的距离时,可以看清对方的面部表情;当距离在 20～25 m 时,人可以识别人的脸,但是面部表情则会显得模糊,这个距离同样也是环境观察的基本尺度。日本建筑师芦原义信就外部空间尺度提出了一些很有价值的参考数据:①“十分之一”理论,即外部空间可以采用内部空间的 8～10 倍尺度;②场地的宽度为相邻建筑高度的 1.5～2 倍时,可获得较佳的尺度感;③“外部模数”理论,一个富于生气感的空间,人与人、人与建筑之间应保持相互的感觉波及,这就要求外部空间应具备适当的尺度模数,该数值取 20～25 m,超出此距离互相的感觉波及就不复存在。他认为:每隔 20～25 m 有节奏的重复,或是材质的变化、地面高低的变化,可以打破单调感,让空间一下子变得活跃起来。这个尺度一向被看作园林空间设计的标准。例如,亭台楼阁、景观小品都可以以此单位进行布置。

人的眼睛在距离超出 110 m 时只能辨别出大致的人形与动作,这一尺度可以作为开场空间尺度的参考,能形成宽广、开阔的视觉感受。此外,在园林环境的观赏中,有人提出以 200 m 为界限,在 200 m 以内,分为近、中、远三个景区。近景约在 60 m处,可以看清树种;中景为 80～100 m 处,可以看清人的具体活动;远景为 150～200 m 处,可以看到景观的大体轮廓,所以,200 m 应作为外部环境的极限或大型广场的界限。

### 2.2.3 空间限定

抽象的空间要素点、线、面、体,在园林设计中表现为客观存在的限定要素。园林跟建筑一样,就是由这些实在的限定要素组合,地形和场地、植物与构筑物等围合的空间,构成没有顶面、形状不同的盒子,我们把这些限定园林空间的要素称为界面。界面有形状、比例、尺度和质感的变化,而这些变化造就了园林空间的功能和风格,使园林环境呈现出不同的氛围。空间的实体与虚空,存在与使用之间辩证而又统一的关系。从人的需求角度出发,限定要素之间的“无”要比界面本身更具实在价值。为更好地理解这种空间限定,下面内容将从“实体”的角度来向读者讲述界面产生变化对空间的影响,以此来为后续内容学习打下空间设计的基础。

#### 1. 水平限定

在风景绘画中,画家通常采用背景烘托主体景物的表达方式来达到塑造主题的目的。在园林空间水平限定时,一个水平面也需要放置在与其对比强烈的背景之上,作为一个图形来限定空间。例如,在开阔草坪中设立的一块硬质铺装场地、一条小路,等等。在西方传统园林中,具有对称格局、规则式园林也同样是水平限定的空间处理结果。(见图 2-20)

图 2-20　水平空间限定

在水平限定基础上增加高度能够产生更强的领域感,强化了水平面图形与周围的分离感。此种限定区别与基础水平限定,能够突出环境的完整性、强化人与环境的距离感,能够营造互不干扰、和谐共处的氛围。根据水平面抬高高度差别,也存在三种不同的感觉：①领域的界限得到某种限定，但视觉与空间依然存在联系，人能够根据视觉判断出空间变化；②视觉依然保持通透感、连续性，但空间分隔感较强，人在空间中的位置转换需要借助高差的变换，比如借助楼梯或踏步；③视觉与空间均被分隔，抬高的水平面已经形成独立的空间。

水平面下沉能够限定一定的空间范围。水平面下沉能够在该区域与周边背景环境中产生一定的竖向界面，根据下沉高度的不同，能够产生不同的空间感。下沉水平面场地与周边环境存在的关联性取决于下沉尺度。下沉尺度越小，该场地与周边环境的关联性越紧密；下沉尺度越大，场地的独立性越强。（见图 2-21）

图 2-21　下沉空间限定

### 2. 垂直限定

垂直限定是空间限定中最复杂、最多变的界面。在自然环境中，人在空间中的视平线始终平行于地面，任何与视线垂直的界面都能够产生视觉体验。垂直限定与水平限定功能差别较大，存在的客观约束较少，自由度较高。人对环境的感受 90% 来自视觉，因此，垂直限定的变化与环境中人的体验关系最紧密。对垂直限定要素的熟练运用能够影响到后期园林空间组合的变化。（见图 2-22、图 2-23）

一个垂直界面能够清晰地表现它所面对的空间，对两侧边界范围以外的空间产生的限定性较弱。单垂直界面通常用来在较大空间中分隔小尺度的宜人空间，在不削弱整体空间感的同时，增加空间种类，丰富整体空间体验。

两个垂直界面连接产生的 L 形限定，该场地空间感从垂直界面夹角向外扩展，产生一定的限定感，越向外围，限定感越弱。两个垂直界面自身变化对场地空间感影响较大，设计师可以根据不同情况进行变化处理。例如：在 L 形夹角处，从一侧敞开空间，该场地的封闭感会变弱，通透感会增强。

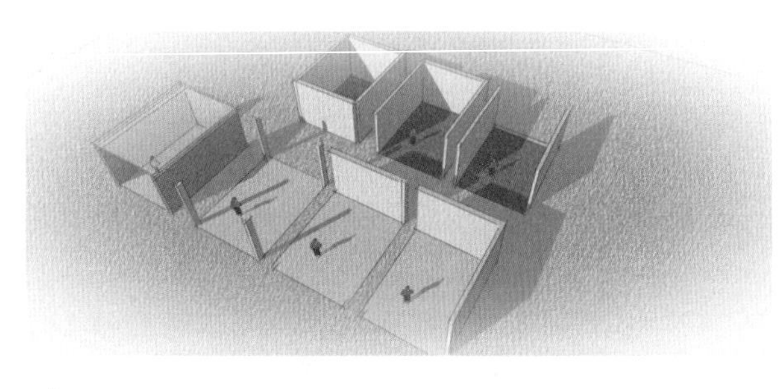

图 2-22　垂直限定

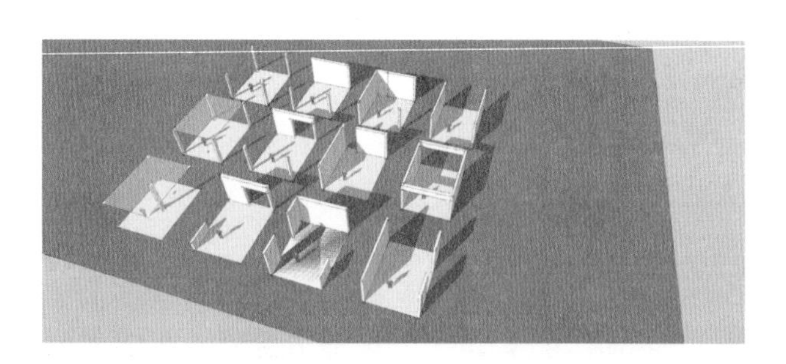

图 2-23　垂直限定扩展

三个垂直界面构成的 U 形空间，具有内向焦点，并且具有从焦点处向外的空间感。空间开敞面是该空间与周边环境衔接的通道，该开敞界面的紧密程度决定了该空间的私密性。三个垂直界面的围合尺度比例也决定着该空间形成的氛围。

四个垂直界面围合而成的空间具有极强的内向性和领域感，私密性也最强烈。

平行的垂直界面形成的限定空间具有强烈的、外向的方向感。设计师需要营造具有视觉导向性空间时，可以采用此种空间限定。根据垂直界面的开敞度不同，可以营造私密感不同的特殊体验。

### 3. 顶部限定

从园林整体而言，顶部限定只有天空。而在分隔后的园林空间中，也通常采用顶部限定的方式来增强部分空间的特点，满足特殊的需求。小尺度空间中的顶部限定就如同一棵大树的树冠，枝叶所遮挡处能够产生一定的领域感。人在树下就会有包围感，在树冠之外就产生了距离感。一般而言，顶部界面的大小、形状、通透程度决定了该空间给人的体验。悬挑结构的顶面限定能够给人一定的范围感，具有较为开阔的视野；与垂直界面结合的顶部限定能够产生较强的空间界限；配合水平限定的顶部界面能够使空间感更富有领域感。

## 2.2.4 空间设计手法

### 1. 边界

利用边界与外界隔绝营造出封闭空间，边界越高越密，空间的封闭性就越强，利用边界围合的空间不会与外界有太多的联系，空间本身可以自给自足。其中，开放的边界与外界或多或少会产生定向的联系，它们体现在运动与视线上。通透的边界与外界表现自然，它们使空间看起来更大，但因为其特性，它们非常依赖环境。开放的空间边界由沿着面的边线上的个体独立创造。调整个体与面的均匀水平、大小可以制造不同的空间效果。开放的空间边界可以创造自由的独立区与外界联系，其关键是“缺口”，以及各个体的特性。（见图 2-24）

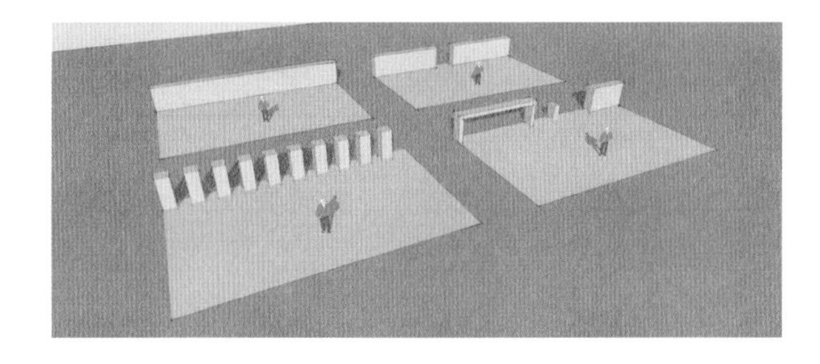

图 2-24　边界设计处理

空间能用不同的方法创造，统一的、固体的边界可以利用建筑、墙体、栅栏、绿篱等建造。复合边界（见图 2-25）可以由沿边界线排列的不同成分组成，例如：单片的灌木、单棵的树、曲折的建筑、一些室外家具（用来休息的各式各样的凳子等）、石头、不同造型的墙等。

### 2. 高差

利用高差也可以创造空间形式。改变高度，就是从一个高度到另一个高度，形成边界。例如，梯形地与缓坡地一个是生硬明确的变化，一个是慢慢渐变、明确定义过渡的区域的变化。梯形地表现在平面图上是堤岸线，用等高线模拟表达模型地。梯

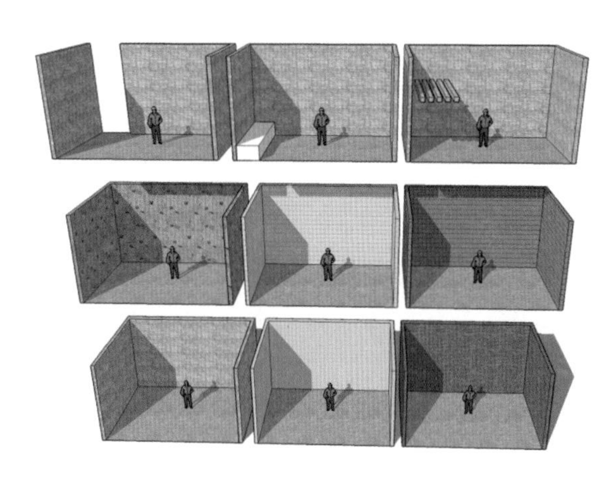

图 2-25　复合边界

形地鲜明地显示出水平空间和陡峭的斜坡的区别。（见图 2-26）

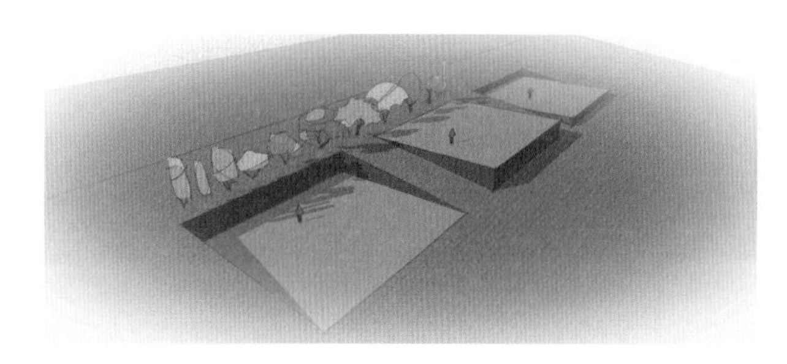

图 2-26　高差变化

如果要创造空间，不同高度的差别越模糊、越小，表面越需要一个有特色的形式来表现。在斜面上，取得梯形的方法是消去一块物体，再增加一块物体，或者两种方法都有。如果斜面不是近似水平，只是矮于一般的斜面，形成的不是梯形地，而是肩型地。

### 3. 植物

植物也可以作为边界被利用，生长使植物随着时间的推移产生不同的效果，所以我们看到一些有植物景点的场地在最初几年的时候空间是非常的广阔的，但在几年或几十年之后变得茂密。因此我们在设计植物与场地的效果时，要考虑一个长期的效果。不同的植物又有不同的效果、不同的特色、不同的情趣，这取决于植物的种类、密度、高低，还有光影的变化。

整齐的树木形成规则的树顶，这样就界定了色彩较阴暗的区域，如果植物排列的不紧密，看起来

明亮些，有光线及适度的透明感，这样就界定了色彩较模糊的灰色区域。如果植物被分成几组，就产生了新的空间格局，这种分组可以是不规则的，这样能够形成趣味性的对比。（见图 2-27）

图 2-27 高差变化对空间的影响

洼地如果用植物排列强化，提升其断面，洼地会产生非常独立的空间感。高大的植物种在谷边，低矮的植物种在坡上，能使陡峭的斜坡在视觉上平坦。相反地，如果高大的植物种在坡上，则会使地形看上去更加的陡峭。

同样的方法用在丘陵上，种植能增强或减弱地势。在丘陵或山地种植树木会使丘陵或山地看起来更加灵活，从树缝隙看下去，真实的地貌还是保留了下来，但顺着丘陵或山地的地形种植封闭的植物组团的话，则会提升整个地形，丘陵或山地的原貌很难在辨别出来。种植在山边的植物使地形变得模糊，种植在山前的植物使地形看起来平坦，这时的山体本身已经不是最重要的了。

### 4. 视觉焦点

焦点的创造基于它们在环境中的特色或它们的特殊位置。任何设计都是和已经存在的场地的对话。例如，在一面白墙置一处墨点，会非常惹人注意，我们可能将它看作白墙的焦点，也会将这一点与墙的边界联系起来。对于一个空间来说，焦点是要和周围环境联系起来的，它所产生的效果才能让观者产生感知。（见图 2-28）

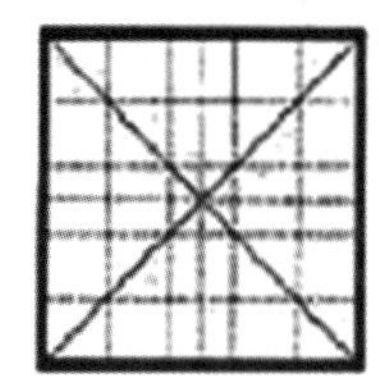

方形平面，由边界界定的特殊位置

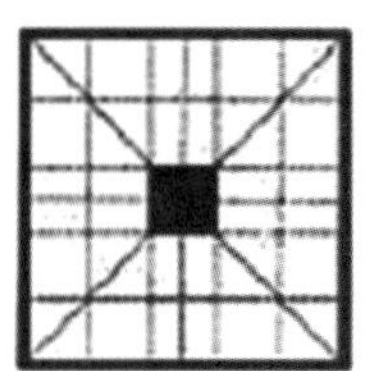

标记在中心——因为所有的面价值相等，成为最平稳的点

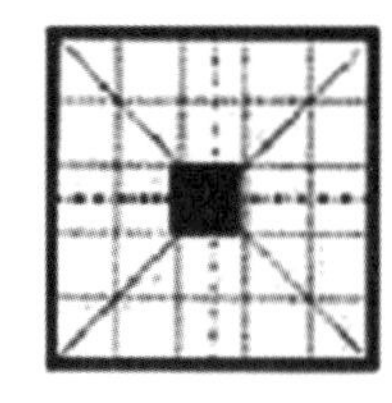

标记在中间的水平对称轴，之所以平衡是因为它平行于边界线；之所以不确定、受干扰、摇摆，是因为它接近几何焦点（两者相互竞争）

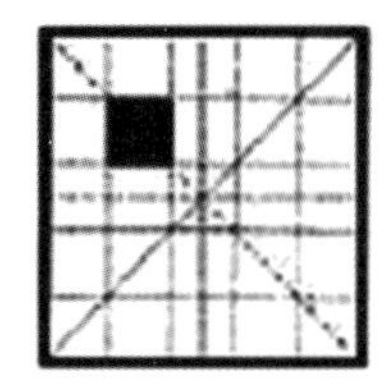

标记在对角线——扫除了“包含”和“开放”的区别，和左边及上部的联系很强

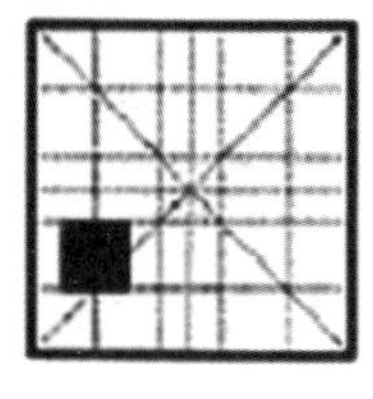

标记明显远离中心，和左边的联系很强，但仍是空间的焦点

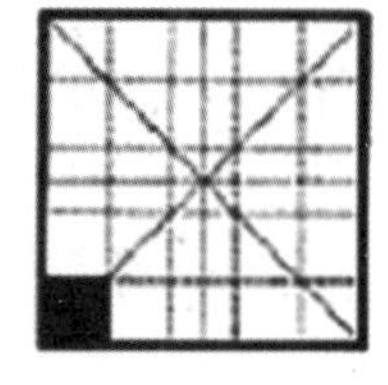

标记在角落——给该区域带来了强烈的重量感，但不再是空间的焦点（加强了边界而不是空间）

图 2-28 视觉焦点设置

事实上，人的感知时刻都在寻找联系与分类的现象，把现象互相联系起来对焦点发现是十分重要的。焦点不能放在环境外理解，它们的效果、特色需要相互对照才能显现，需要和它们周围的环境互

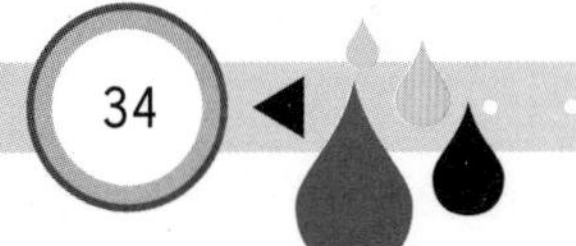

为响应。它们在作为独立特点景色的同时，也会相互影响。焦点是我们运动、观看、行动时的停顿点及方位点。它吸引我们的注意力，加强、改变或创造空间境况。

焦点的另一个特征是它们需要通过比较来描述，相比其他或整体环境，它们是更小的、更大的，发光的、灰暗的，圆的、棱角的等。相比周围的物体，焦点是特殊的，因此，特殊性能会让它们从形式的中心或与边界平行的线自动产生。同样，一个自然的、特殊的地形，也会形成一个自然的焦点，如地貌线、河床等。

几何和形态学上的条件划定了强势区域外的焦点，这样就需要设计一个清晰、坚固、具体布置的焦点。焦点的距离越远就越要如此，以便让人们看到的点自动成为焦点。只要一个焦点的位置仍然是清晰的，它就能确定周围的相关区域，给自身分类还需要与环境的关联。

在设计中，如果不是由现存的边界或明显的参照线推断出焦点的位置，可能会使焦点的位置混乱。为了理解焦点在空间中的位置，必须更加强烈地表现焦点。如果焦点可以解释其位置及方向，联系空间的独立性会被削弱，加强了空间与外界的联系。

### 5. 交通

交通规划设计在园林设计中有着很重要的作用，在大型园林中原本没有路的地方，由于人们常常走过的轨迹上路面遭到破坏，就会形成交通道路的雏形。利用现有的、被人踩出来的路径，是我们选择道路的重要依据之一。人们倾向于绕过横亘，如果实在绕不过去就会选择一条高低变化少的、平稳的道路。

任何一个优秀的交通设计方案都是建立在目标分析的基础之上，一定要对现存的景观节点或者是必须要保留的节点进行考察，还有那些必须设置于开场空间之内的，我们就要去设置路标，引发视觉联系。视觉联系有利于激发游客继续往前行走的欲望，会引导游客的走向。道路对景观的影响并不在于道路本身，而是步移景异，通过道路设置把沿途的景观逐一呈现在人们面前。道路引导着视线，把游客的注意力引向景点，道路把空间呈现给游客，让游客品味环境的质量。（见图 2-29）

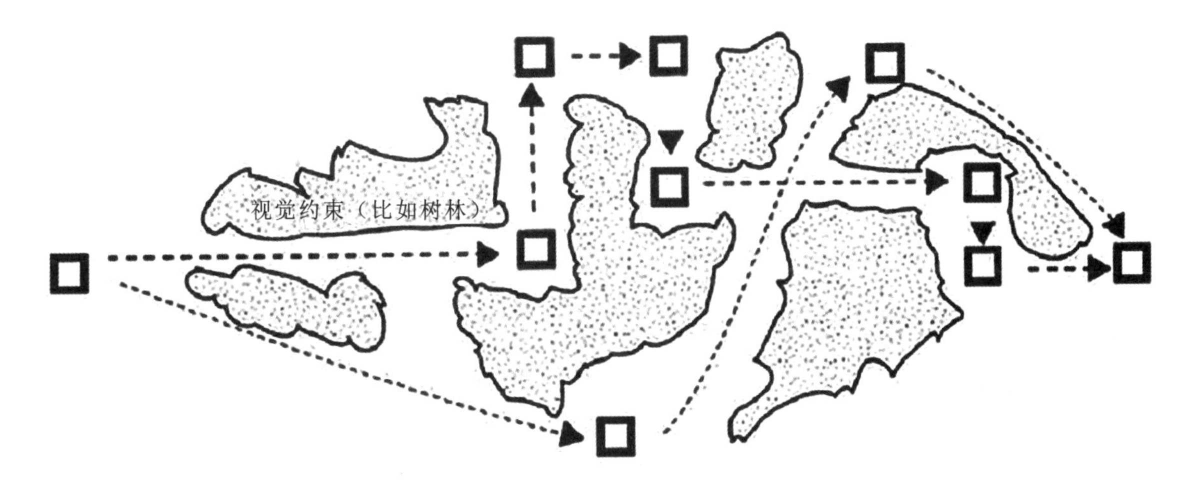


无明确目的地——最终目的地并不是一切，中间结点变得也很重要

图 2-29 道路引向目标

园林设计对道路的功能要求是不受天气影响的，比如：雨后的道路不能积水，而且要便于使用；路面不能过陡或者起伏太多要适于行走。对特色景观，交通要控制运动区域，要避开一些敏感区域，比如：自然保护区、植被生长茂盛的草坪等。这对于保护现状景观是非常重要的。

事实证明，较好的道路系统设计会在行进途中设置许多有趣的节点，这样会使人感到是在去往目的地的行程中，人为地使人的精神得到一种舒缓的节奏。沿途要尽量避免有歧路出现，这样可以节约游客的时间与精力。

直线道路的感知区域，能清楚地感知的视觉通道：上下大约各 15°，视角范围为 30°～35°。游客在进行一些无目的的行走时，道路上的景色与线型转换为游客提供了心情释放的机会，会大大提高行进过程中景观效果的吸引力。

曲线道路的设置切忌只关心道路本身的形式，道路的线性一定要根据实际的地形和相关的景观要素来确定。（见图 2-30）

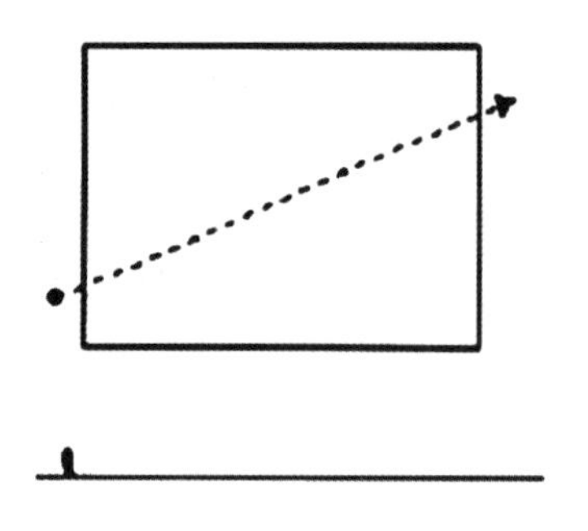

平坦的台地——直线通过

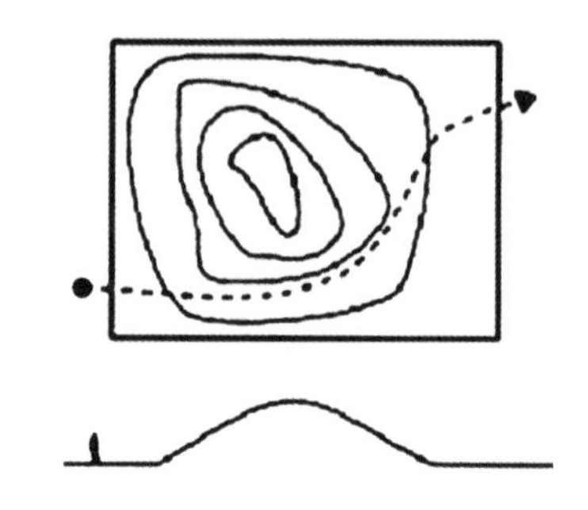

浅洼或缓坡——近似直线，轻微起伏

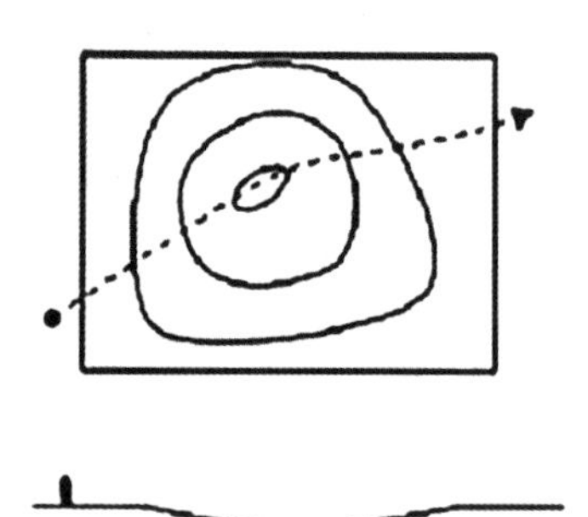

陡坡——从旁边绕行（便捷，平稳上升——随着等高线延伸——平稳下降）

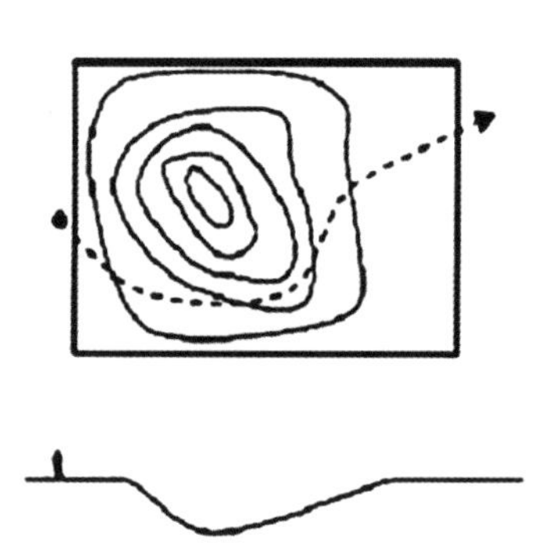

深沟——从旁边绕行，沿着坡的上半部轻微起伏

图 2-30　曲线道路

## 2.3 空间的组织结构

### 2.3.1 空间组织原则

人们活动的多样性，导致了承载这些活动的空间的多样性，而无论是建筑内部还是建筑外部空间，都受到功能、时间、环境、气候、地域文化等诸多方面因素的影响和制约。

功能是空间组织的核心问题。人们的活动大致分为居家生活、生产工作、公众活动或娱乐休闲等——住宅、院落、写字楼、学校、体育馆、博物馆、广场、街道、公园……不同的功能空间还会因形式和组织关系及组织手法的不同，而传出迥异的个性特征和文化精神，使人们能够分辨出住宅、文化设施、广场以及不同的城市地域等。相同的功能需求也会因使用者不同而有功能设置的差异，以体现出

不同的空间特征。(见图 2-31)

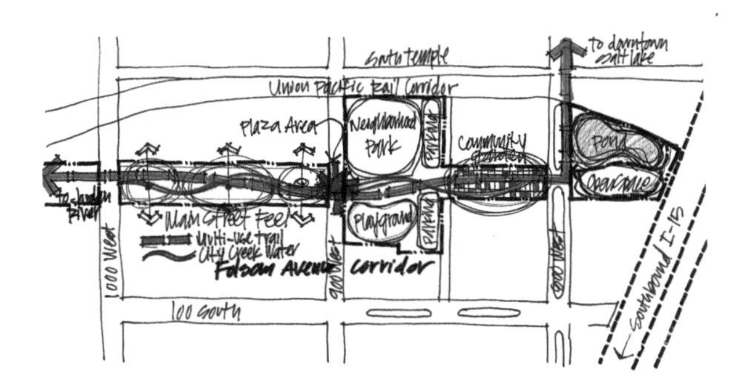


图 2-31 园林功能分析图

秩序是空间组织的本质意义。空间组织的本质意义是让空间具有一定的秩序。

空间秩序有两个特性:一是物质的,即空间形态的组织特性,可以用构成学原理解释;二是精神的,即空间组织原则传达出的文化心理特性。

## 2.3.2 空间组合方式

园林空间很少有单一的空间构成,一般都是由许多不同的景观空间共同构成一个园林空间的整体。因此,对景观空间的结构关系构成的研究就显得极为重要了。景观空间的结构方式主要有线式组合、集中式组合、放射式组合、包容式组合、网格式组合与组团式组合六种方式。

### 1. 线式组合

线式组合是指一系列空间单元按照一定的方向排列连接,形成一种串联式的空间结构。线式空间结构包括一个空间系列,表达着方向性和运动感。它是运用尺寸、形式与功能都相同的空间重复构成,也可以用独立的空间将尺度、形式与功能不同的空间组合起来。它的起始空间和终止空间多半比较突出。它可以采用几何曲线,也可以采用自然的曲线形式。根据景观空间与线的关系,它可划分为串联的空间结构和并联空间结构两种类型。(见图 2-32)

### 2. 集中式组合

集中式组合是指由一定数量的次要空间围绕一个大的、占主导地位的主要空间而构成的组合方式。它是一种稳定的、向心式的空间构图形式,主要空间也就是中心空间,一般要占有很大的比例,保持主导的地位;次要的空间形式与尺度的变化,要根据不同的景观与功能要求。园林树植物草坪空间设计可以遵循这种结构形式。(见图 2-33)

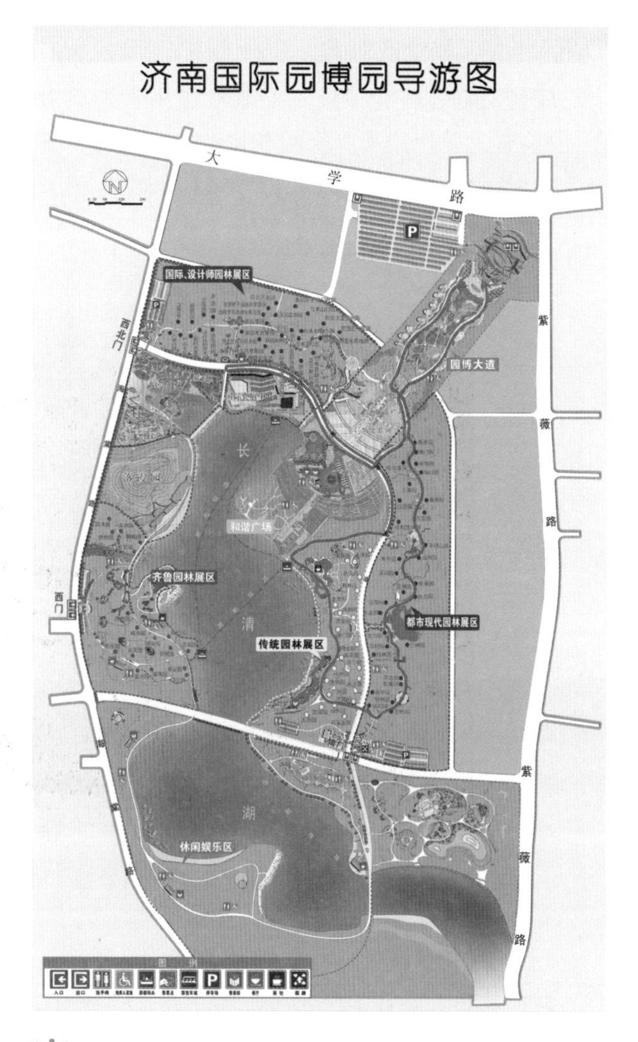


图 2-32 济南园博园中的串联与并联空间

图 2-33 集中式组合

### 3. 放射式组合

放射式组合综合了线式与集中式两种组合要素，由具有主导性的集中空间和由此放射外延的多个线性空间组成。放射组合的中心空间也要有一定的尺度和特殊的形式来体现其主导和中心地位。集中式组合是内向的、趋向于向中间聚焦，放射式组合则向外延伸，与周围环境有机结合。有主宾、有层次、有节奏、有比例组织空间，即通常所说的从中心向外发射。线式空间功能与形式可以相同，也可以有所变化，以突出个性。（见图 2-34）

图 2-34　放射式组合——济南泉城广场

### 4. 包容式组合

包容式组合是指多个小空间在一个大空间中，所形成的视觉及空间关系。被包容的小空间与大空间的差异性很大时，小空间具有较强的吸引力，也可以成为大空间中景观的一点。差异性越强，包容性越强。小空间尺度增大时，包容性减弱。

### 5. 网格式组合

网格式组合的设计方法在现代园林中被广泛使用，是一种重复的、数模化的空间结构形式，空间构成的形式和结构关系受控于一个网格系统。这种结构容易形成统一的构图秩序，即使网格空间组合的空间尺寸、形式、功能各不相同，仍能组合成一体，具有一个共同的关系。组合的力量来自于图形的规则性和连续性，它们渗透在所有组合要素之中。网格体系具有良好的可识别性，产生变化时不会丧失构图的整体性。为了满足功能与形式变化要求，网格也可以灵活调动，使空间组合更加丰富。（见图 2-35）

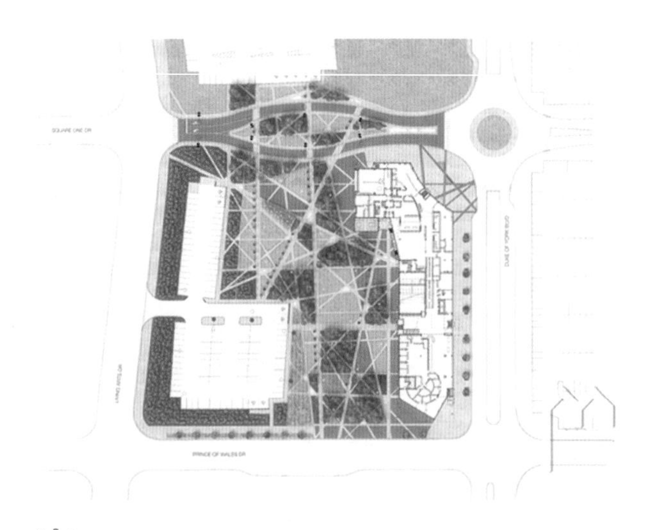

图 2-35　网格式组合——加拿大谢尔丹学院绿色公园平面图

### 6. 组团式组合

组团式组合的组合结构类似细胞状，具有共同朝向和近似空间形式的多个空间结合在一起形成的整体。形式、大小、方位等都有着共同视觉特征

的空间单元，组成相对集中的整体。组团式组合没有占主导地位的中心空间，空间的紧密性、向心性、规则性有所减弱。组团式组合可以在它的构图空间中采用尺寸、功能、形式等各不相同的空间，但这些空间要经过视觉上的一些方法、技巧来整合关系。

组团式空间的特点是形式多样，没有明确的秩序，空间灵活多变；缺乏中心，需通过部分空间的形式、朝向、尺度来反映结构秩序与意义。在表达某一空间的重要意义时，可以加强和统一空间的局部，同时也有利于加强组团式空间的整体效果。

## 2.4 空间序列的组织

空间一般由不同使用功能的区域共同组合而成。当人们穿行其中时，人的行进方向和时间等因素要求园林空间必须有顺序和层次上的安排。

空间层次序列是指按一定的流线组织空间的“起、承、开、合”等转折变化。园林景观设计应服从这一序列变化，突出变化中的协调美。在规划设计中应以围绕主题、有序的景观状态为设计的主导思路，注重主题空间及环境的相互关联，强调其空间的连续组织及关系，强调一种有机的秩序感。（见图 2-36）

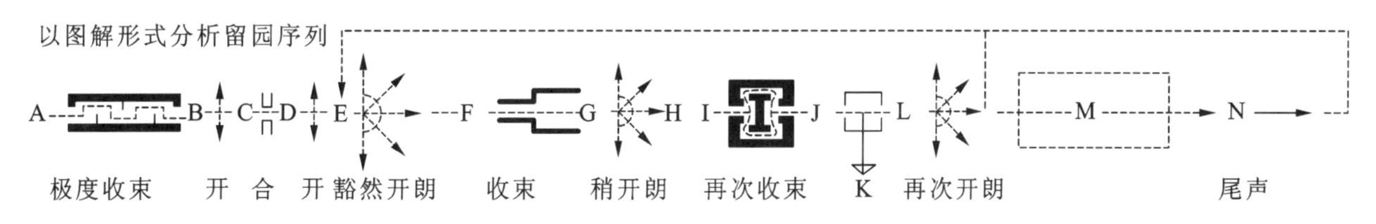


图 2-36 古典园林典型空间序列

各种景观设施，以它们的形态、体量、位置，影响着人们对园林环境空间的整体感受。它们与人们的活动交织在一起时，人们会以自己前后左右全方位的位置及远近高低的视角，观赏周围物体并形成各种不同的空间感受及空间心理审美。

### 2.4.1 空间顺序

安排空间顺序时，一般根据功能来确定空间的领域，将它们按照一定的规律组织起来。园林空间的安排顺序大致应遵循以下几种线路：封闭性→半封闭性→半开敞性→开敞性；动态的→较动态的→较静态的→静态的；私密性→半私密性→半公开性→公开性；安静的→较安静的→较嘈杂的→嘈杂的。（见图 2-37）

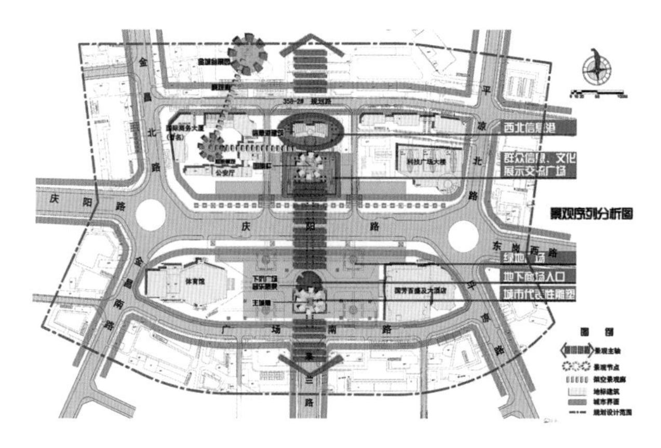


图 2-37 兰州东方红广场空间序列

### 2.4.2 空间的层次

空间的层次与其整体效果关系极大。一般来说，空间设计要有近景、中景、远景之分和层次变化，否则所设计的空间就会缺乏生气与意义。景观空间比较大、景深的绝对透视距离很大时，如大片的水面、大片的草地、大面积的广场，由于缺乏层次，在感觉上缺乏深度感。

空间的层次感一般通过合理的设计，运用隔断、绿化、水体、高差等造成的心理感受来实现。中国古典造园中所追求的“步移景异”的效果就是一个极好的例子。大多数设计通常在中景的位置安置主景，用远景或背景来衬托主景，用前景来装点画面。

空间序列是指人们穿过一组空间的整体感受与心理体验，也可以理解为不同的空间组合效果。它产生于人在运动中对不同空间的体验，讲述的是各种关系的空间连续性和时间性，以及人在空间活动时的精神状态。利用空间分割与联系，可以借对比、变化与渗透来增强空间的层次感，从而形成统一的、完整的空间序列。

空间序列包括以下几个阶段。

序幕（起始阶段）：序列的开端，是对整体的第一印象，应予以充分的重视。人们会把即将展开的空间序列与心理习惯推测相对比并进行认知评价，足够的吸引力是起始阶段考虑的重点。

展开（过渡阶段）：既是起始后的承接过渡阶段，又是高潮阶段的前奏，是序列中关键的一环。特别是在长序列中，过渡阶段可以表现若干不同阶段层次和细节的变化，对高潮阶段的出现具有引导、启示、酝酿作用。

高潮（核心部分）：全序列的中心。从某种意义上说，其他各个阶段都是为这一阶段服务的。序列中的高潮是精华与目的所在，也是序列艺术的最高体现。

结尾（终结阶段）：由高潮恢复平静是结尾的主要任务。它虽然没有高潮阶段重要，但也是必不可少的。良好的结尾有利于人们对高潮的联想。

一个完整的空间序列构成，犹如音乐的旋律，有起始、发展、高潮和尾声等序列，且有一定的顺序，能够显出空间的组织性与意境，也就是各个空间以巧妙的手法衔接和互相衬托。

## 2.4.3 序列空间的创造原则

### 1. 整体原则

序列空间的创造是城市空间属性要素，即点（景观点）、线（道路）、面（广场）相互结合、共同作用的结果，这就要求无论动态的交通空间还是静态的休闲场所，还是和谐的流动还是跳跃的变化，都需从城市整体环境目标出发，对现状散乱的城市空间施以重整。

### 2. 功能原则

公共活动是城市活力所在。序列空间的组织是以满足城市空间的各种功能为前提的。人与车以集散型（如集会）、巡回型（如游行）、滞留型（如购物休闲）三种基本方式活动，在城市空间中构成了运动的主体。序列空间以不同的形态对不同人文背景，不同内容的人流和车流及其集散、巡回、滞留等方式给予合理的组织与布局，给予有计划的诱导与控制。对于城市交通、商业娱乐等功能的需求，要以动态的眼光看待城市公共空间，为持续发展留有余地。

### 3. 景观原则

从园林景观的控制理论角度讲，园林景观分为活动景观和实质景观。

活动景观：园林公共空间中市民的各种活动（休闲、节庆、交通、观光等）构成了园林中的活动景观，这些活动具有的规律性和领域性是序列空间创造所要尊重的。

实质景观：可以从平面、尺度、轮廓上调整园林空间结构，从而能建立园林实质景观的形态框架。实质景观包括园林自然景观和人工创造景观。好的序列空间设计能够充分利用自然条件，因地制宜地创建不同特色的空间景观。

# 第3章

## 园林设计要素

YUANLIN SHEJI YAOSU

园林设计项目的完成需要工程相关手段来实现，而园林景观设计与规划、建筑、环境设计等学科一样，专业设计内容的表现总要借助一定的媒介来体现设计目的、思想和意图，最终需要利用地形、植物、水体及构筑物等实体来表现三维空间。

园林设计要素是风景园林设计相关专业的重要部分。从传统意义上来看，园林设计要素包含地形、水体、植物、构筑物；而从现代应用角度来看，园林设计要素主要包含地形、植物、道路与广场、建筑与小品。不论从何种角度来划分，园林设计的构成脱离不开两种要素，即人工要素与自然要素。合理搭配这两种要素，最终满足功能与审美需求，营造出适合时代且情趣丰富的园林空间。本章所讲内容主要围绕各要素在设计时需要注意的问题，方便读者在设计中加以合理应用。

## 3.1 地形

地形是地貌的近义词，广义上指地球表面的三维起伏变化，通过地表外观体现出来。从园林景观设计的角度来看，地形是构成外部环境的一个极重要的因素，能够影响到人对外部场地的空间感，从生态学角度来看则能够影响环境中的局部小气候。地形泛指陆地表面各种各样的形态，从大的范围可分为山地、高原、平原、丘陵和盆地五种类型；根据景观的大小可延伸为山地、江河、森林、盆地、丘陵、峡谷、高原、平原、土丘、台地等复杂多样的类型。其中，起伏较小的地形称为“微地形”（见图 3-1），凸起的称为“凸地形”，凹陷的称为“凹地形”。

图 3-1　微地形——苏州绿地乾唐墅新中式景观地形设计

### 3.1.1 地形的功能

地形是园林设计中其他要素设立的基础平面，有关地形的设计和利用能够直接影响构筑物的布局与外观，影响植物林缘线及植物配置，也能够影响水体的设计。因此，地形是园林设计过程中应首先考虑的因素。它不但影响园林景观的整体效果，而且影响灌溉设计、排水设计、消防设计、疏散设计等，对地形的分析是设计展开的关键。

地形直接联系着众多环境因素和地形外貌，影响园林景观设计的造型、美学特征和构图。可以说，地形是园林设计各要素的依托，是整个园林景观项目的骨骼，影响其他各要素的布置与设计。植物、水体及构筑物的设立都要与地形接触，可以说，这些要素需要根据特定自然环境的场地特征进行设计，由此也导致这些要素最终呈现的形态受到地形变化（包括场地形状、坡度起伏和方位朝向等）的影响。地形连接着空间序列中的诸多要素，控制着整个项目的主线。当然，在一些特殊情况下，地形因素会影响、干扰整体设计立意，有时也需要对地形做出相应的改动，而改动地形又会产生新的问题，例如地质环境是否允许、项目造价是否充裕等问题。

总之，地形是构成园林、景观的基本结构要素，就如同建筑设计中的框架结构、规划设计中的轴线，是设计体系中的主要构架。地形能够为环境营造提供空间顺序、形态等多方面内容的系统结构，主导着其他设计要素在环境中的安排与布置。（见图 3-2）

图 3-2 堪培拉国家植物园

### 1. 营造空间，组织空间秩序

采用不同的方式创造和限定外部空间时，能够借助对地形的抬高与凹陷处理来完成。通常来讲，园林空间的形成可以通过以下几种途径来实现：第一，对原有场地进行土方挖掘，降低场地平面高度；第二，在原有场地进行土方、石块堆叠，实现场地升高；第三，对具备一定高度的场地再进行土方堆叠，达到预期空间设计需要。采用对地形进行处理从而实现空间营造的方式，有几个问题极为关键、不可忽视：首先，处理场地时，要分析场地空间范围及周边环境情况；其次，经过处理的场地坡度需要严格按照规范执行，设计好土壤自然安歇角（通常斜坡的坡度设置不能超过 50%，超过此标准的设置需要额外增加加固结构并布置地被层进行保护处理），避免出现塌方的恶性情形，需要特定坡度的情形应采用额外的工艺进行加固处理；最后，经过处理后的地形轮廓线是否具备足够的审美要求，也就是山脊线的处理优化问题。（见图 3-3）

场地空间范围是指设计中能够限定人活动、使用范围的场地，通常是场地空间中的底部或凸起部分。场地空间范围可以是平坦的地面，也可以是带有起伏的区域。场地空间范围越大，需要进行地形

图 3-3 地形变化对空间的影响

处理的范围也就越广，人在空间中的尺度感也就越大。换句话说，场地空间范围影响着人的空间体验，是营造局部空间感的基本限制因素。

场地坡度是指在场地空间范围要展开地形处理的部分。场地空间四周的坡面是场地空间的边界，虽然不是垂直于地面的墙体分隔，但是也具有一定的限制。如果要对场地空间进行私密性加强处理、边界形态强化处理等，场地坡度就起到了作用，坡面越陡峭，空间轮廓越明显；坡面越平缓，空间形态越柔和。（见图 3-4）

图 3-4 场地坡度对空间的影响

场地周边地形脊线是指地形可视高度与天空之间的边缘，一般称为地平轮廓线。地平轮廓线和人在空间中的位置、视线高度和远近距离有着密切关系，影响着人的视野及空间感。地形在人的视野

中总有最高的轮廓线，人视线所及之最远处是形成空间感的关键点。如果在人与最远处地形轮廓线之间的范围内，仍存在其他地形的轮廓线，这就丰富了人远眺视线范围内的景观。

上述三个因素在场地空间处理中，特别是在相对封闭的空间中能够起到关键作用。任何相对封闭的空间都依赖视野范围的大小、场地坡度与地形脊线。从人体工程学的角度来看，人平视时，视域为视线以上40°～60°及视线以下20°夹角范围内。所以，人的视线到达地形脊线与场地坡面底部的夹角小于45°时，会产生较强的封闭感；而两者的夹角小于18°时，人在场地中便不会产生封闭感。（见图3-5）

图3-5　场地坡度为45°时封闭感强烈

设计师设计小尺度私密空间与大尺度公共空间、流动的线性空间与范围清晰的场地空间时，都需借助对场地空间范围、场地周边坡度和地形脊线三者之间关系的处理。场地空间范围、场地周边坡度及地形脊线的不同结合，能够塑造具有不同特性的空间。在保证场地范围不发生变动的情况下，通过改变场地周边坡度、地形脊线高度可改变空间感。设计师可在场地周边坡度、地形脊线不发生变动的情况下，变更其余项的数值，来观察这种调整对空间产生的影响。

除了对空间的边缘进行限定，影响空间特征之外，地形还可以引导空间走向。空间受到界面的制约会具有反向开敞感，也可以理解为空间遇到界面会产生反弹。一个空间总的走向会朝向较为开阔的一面，当遇到阻力时会相应减弱。例如，地形一侧为山坡，而另外一侧为平原或水塘，那么这时的空间感就会面向平坦的一方。空间就像液体一样，具有流动性。（见图3-6）

图3-6　地形引导空间

### 2. 丰富视线，提供景观场地

地形的起伏改变了人在园林空间中的视觉感受，由此也产生了不同的空间体验。灵活、合理地组织平坦地形、凸地形和凹地形，能够增加空间变化，并组织、引导人们的视线。通过地形进行视线的组织需要以环境、场地的客观条件为前提，需要根据场地进行设计，切不可为了营造轻微的空间变化体验而耗费大量的财力。不同地形具有不同的特点，合理利用、引导场地特征，尊重环境特点，才是处理好地形的关键。（见图3-7）

图3-7　美国Harbor Shores高尔夫球场

在前文所述的地形塑造空间中，我们曾经提到过，提高场地周边的坡度能够将人的视线两侧收窄，将视线引导至某一特定方向，这种方式就是通过抬高地形来实现的。此种更改地形高度的方式能够影响人的视线范围，让人将注意力集中在连续的景观序列中，而将杂乱、缺乏美感的景物隔离出去。在园林设计实际案例中，为了将人的视线从场地、道路引导至焦点，如雕塑、喷泉等小品处，设计师通常会采用在场地、道路两侧进行土方堆叠的方法，抬高场地两侧的高度，让场地或者道路形成凹地，这样就能够让空间具有一定边界感，同时引导视线形成延续感，直至集中到远处的视觉焦点处。（见图 3-8）

图 3-8　遮挡视线

除了能够限定空间、引导视线，地形起伏的处理还能够用来突出视觉焦点景观。在园林景观中，我们不难发现一些突出视觉焦点的设计，例如湖心亭（见图 3-9）。在地形高处设置的构筑物很容易成为人的视觉焦点目标，即使再远，只要能够观察到高出地形的轮廓，就能够注意到焦点所在位置。除了凸处地形的视觉焦点，在一些凹处地形边缘、山脊处的构筑物、景物设计也同样容易被人所注意。这是因为，凹处地形边缘是人视觉空间中地面与垂面转换的位置，人的视线平行于地面，遇到坡度位置逐渐转变为垂直，容易让人观察到全部景物。所以，地形起伏实际上改变了地面与人的视线的夹角，人的视线与地形表面越垂直处越容易吸引人的注意力，可设置相对较好的景观以供观赏。

图 3-9　湖心亭

地形对视线的控制作用在园林中具有不可忽视的地位，缺少对视线的控制会造成园林、景观设计平淡、乏味。此外，地形起伏设计还能够起到组织空间序列的作用。在第 2 章中曾讲授过空间的序列的相关知识，在此不再赘述。地形能够让人在空间中观赏富有变化的景物，丰富人在园林中的空间体验。例如，一个游人在远处地形边缘发现了一座亭子的顶部，视线被吸引，这时，人对亭子整体的形态就充满好奇心。这种地形遮挡能够让人对将要看到的景物充满好奇心与期待。这就是园林设计师在处理地形时，巧妙地利用了人的好奇心，增加了人的期待。此种设计能够引导游人动态地观赏景物，让景观在人心中的印象变得连续、生动。（见图 3-10）

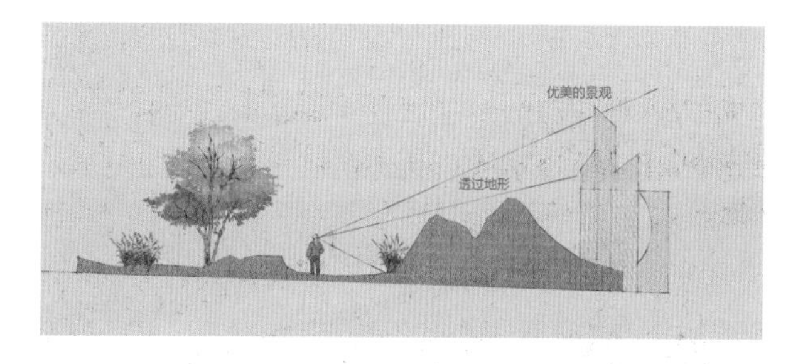


图 3-10　可见部分景观

地形起伏阻隔、遮蔽景物除了能够起到丰富空间序列的作用之外，还能够用来遮蔽停车场、出入口等设施，但是这种遮蔽、隐藏的设计需要根据现场进行推敲。例如，对停车场的遮挡是否可以采用抬高地形的设计手法来实现呢？首先，从遮蔽方式的角度来讲是可行的。但是，作为园林设计师，在设计过程中不能仅从单方面来考虑问题，应该以系统思维的方式进行思考。在这个例子中，设计师需要考虑地形通常采用草坪、灌木来进行点缀，草坪的灌溉与修剪需要用到给水管与割草机。那么，能够使用割草机的地形高度与地形投影长度比不能小于 1∶4，也就是说，如果高度为 2 m，则地形投影长度不能短于 8 m。如果为对称双坡，那么地形宽度为 16 m。这时，设计师需要根据场地情况判断，通过地形来遮蔽停车场，是否具有足够的 16 m 场地来进行地形设计。（见图 3-11）

除此之外，地形还能够为游人在景观场地中的行进提供引导。人在平坦地形与带有坡度的地形中的行走速度是不同的，游人在平坦道路上可以加快行走速度，而遇到台阶、坡度的设计时会降低行

图 3-11 地形的遮蔽作用

走速度。有时,设计师会利用地形引导人们在景物观赏过程中的停留时间。(见图 3-12)

图 3-12 地形引导作用

### 3. 改善微气候,解决场地排蓄水问题

微气候在园林景观设计领域的表述并不统一,不过,微气候的小尺度特征在较广的范围内比较被认可,这是一个研究有限区域内气候状况的概念。在园林设计中,微气候是指园林设计师在进行设计时,对一定空间范围内必须给予重视的光照、风、湿度等气候要素。园林景观微气候的特征是建立在城市气候大背景下的局部差异性体现,微气候是特定空间环境要素对宏观城市气候状况做出的局部“修正”。(见图 3-13)

从采光方面来说,为了保证园林某一区域能够获得足够的太阳光照,那么,设置地形时就应该抬高该区域的北侧,使太阳照射该区域的夹角尽量减小。地形的合理安排可以使南向的坡面获得足够的光照,充分采光,保证该区域的温度,从而获得宜人的环境。(见图 3-14)

图 3-13 景山公园

图 3-14 地形设计

从风的方面来说,园林设计师通常会根据场地环境所处地域的气候条件、季风风向来进行分析,确定地形设计方案。如设置土丘来遮挡冬季寒风,并满足景观场地的自然形态,避免挡墙等生硬的小品设置。凸地形、土丘脊部的设置通常被安放于场地面向冬季风的一侧。例如,中国北方城市园林中,土丘地形的设置通常位于人们活动场地的西北侧,用于阻挡冬季的寒风,以便为人们提供宜人的小环境;而在夏季,设计师可以利用谷地、凹地、马鞍形的地形收集、引导风,利用风降低场地温度。

近年来,海绵城市概念(见图 3-15、图 3-16)、雨水花园概念经常被提起,“滞、渗、蓄、净、用、排”的理念也逐渐被采用。其中,地形设计能够有效地增加雨水在地表停滞的时间,提高下渗的速度,提升蓄水能力。地形的排水坡面影响着排水的系列问题,不同设计需要也决定着不同的地表设计。地形过于平坦不利于排水,容易产生积涝,破坏地表植被;但地形起伏过大,则容易产生地表径流,减少雨水下渗时间。所以,地形设计对场地排水起着关键

作用，在一些特殊项目中需要着重考虑。

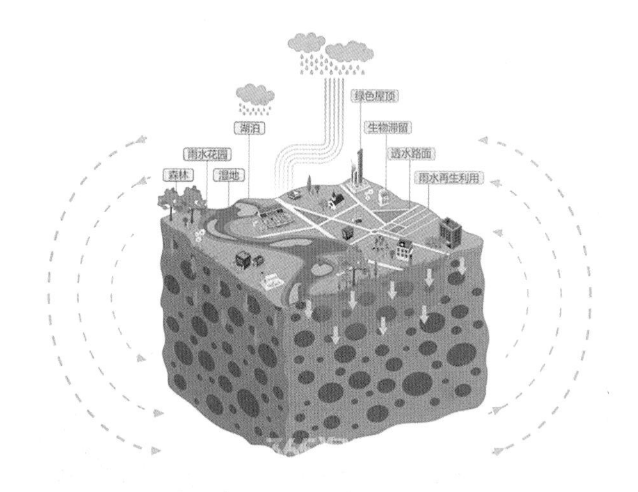


图 3-15　海绵城市概念

图 3-16　成玉宁“海绵城市理论”概念

## 3.1.2 地形的类型

地形可以从多种角度进行分类。在园林设计中，地形的外在形态、功能特征及其对人产生的视觉效果是较重要的几个方面。从空间角度来看，地形的起伏变化对园林空间的广义概念产生影响。游人在平面、凸起、凹陷、山脊及山谷的不同种类场地环境中可获得不同的空间感受，而这些连续变化的感受构成了游人对园林的整体空间感。为了便于理解，以下内容将围绕几种不同的地形类型来进行详细阐述，但实际上，这些不同类型的地形会根据需要进行组合，是连续的整体。园林地形状况与容纳游人的数量及游人的活动内容有密切的关系，平地容纳人较多，山地及水面的游人容量将受到限制。一般情况下，理想的比例是：陆地占全园的70%左右，其中平地占陆地的60%左右，丘陵占陆地的30%左右，但实际数值还是需要根据设计师对场地的理解及相关技术规范进行安排。

### 1. 平坦地形

通常，我们理解的平坦的地形是与人的视线平行的地形，但这仅仅是理论上的理解。在自然界中，地形的变化多样，难以找到这种理论意义上的平坦地形。在园林设计中，平坦地形一般指那些即便存在微小变化、起伏、坡度，却难以让人发觉的地形。从规模上来看，表面相对平整的地块有大小尺度之分，既有大尺度的平原、草原、河滩，也有场地中的局部小平地。除此之外，平坦地形是所有地形类型中最简洁、最稳定的一种。由于缺少高差上的变化，平坦地形天然具有均衡性的特征。（见图 3-17）

图 3-17　荷兰国家博物馆前的大草地

平坦地形能够给人以舒适、踏实之感，这是其他地形所难以取代的视觉感受，也能够为相应的功能需求提供必要的场地环境。在平坦地形中站立或移动，人体不会感受到横向作用力，因此也就不会产生歪斜感。人在平坦地形中能够获得开阔、空旷之感，不会获得任何封闭的感受，也正因为如此，空间体验相对单调。为避免园林空间体验乏味，设计师通常需要借助植物、墙体等竖向界面来阻断人们的视线，从而让人们获得丰富的园林空间感。（见图 3-18）

基于平坦地形的园林景观设计，甚至是建筑设计，设计师对其他要素进行巧妙安排时，通常将平坦地形作为重要元素考虑在内，而不是单独对其他要素进行处理。例如，在平坦地形场地内进行植物

图 3-18　平坦地形——意大利 Nember 广场

景观规划，设立高度统一的绿植能够保持与平坦地形呼应的效果。这种设计借助了平坦地形自身存在的平面协调感。平行于地面的各种要素能够很自然地结合到平坦地形中去。即使想要获得特殊的林缘线效果，也不能完全抛弃平坦地形因素。在一些特殊场地中，需要设立相应的视觉焦点，那么只要设置简单的垂直元素就能够获得预期效果，例如在广场中矗立的建筑是整个环境中最吸引人的焦点。（见图 3-19）

图 3-19　天安门广场景观

平坦地形具有衬托作用（见图 3-20）。园林设计中有许多案例都借助了平坦界面的衬托，从而获得了具有创造性的视觉效果。在设计过程中，为了突出某一区域景观的形态、色彩，将这些富有变化的视觉元素安置于较为平坦的地形中，借助对比手法形成强烈冲击力。换个角度来说，设计师为了获得宁静、安详的空间氛围，也会通过设置相应变化丰富的要素来衬托。例如，借助湖面周边丰富的植被变化、建筑物造型，来反衬平静湖面，给人更深层次的宁静之感。所以说，平坦地形的衬托作用在设计中是可以双向使用的，并非只能充当背景。

图 3-20　美国白宫

平坦地形的场地设计要难于其他类型地形的场地设计。平坦地形具有开放性特征，能够向四面八方产生延展力。对于设计师来讲，这种多角度的延伸能够提供的设计选择太广泛，而且这种延伸只是设计的开始，最终会导致方案具有无限可能性，当面对数量众多的可能性进行比较时会相当耗费精力。

元素形态相近、重复出现的设计构思适合与平坦地形结合进行设计。由于元素的形态类似，从整体的角度来看，具有相应的内在协调感，而重复出现又赋予了这种机制一种生命力、成长性、扩张感。这种状态与平坦地形所传递的意境是一致的，两者具有天然的匹配性。特别是以一些抽象几何形为元素的园林设计，能够自然地融入平坦地形中。（见图 3-21）

在平坦地形设计过程中，要注意以下几点。第一，为了有利于排水，如果没有采取明沟或地下排水措施，要求地形一般有 1%～7% 坡度。如果地形过于平坦且没有明沟或地下排水措施，则容易积水，对植物生长不利，因此要根据具体情况采取不同的处理方法。在平地上可以采用各种铺装材料、草坪、各种地被植物等进行处理，形成各种不同的

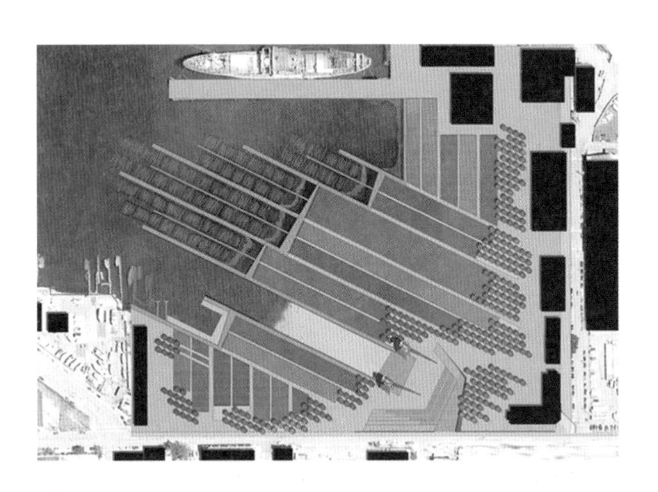

图 3-21　重复几何图形在平坦地形中的应用——旧金山湾 68 号码头

平面。第二，在有山水的园林中，与水交界处应有一定面积的平地，作为缓冲过渡地带，一方面能够保障游人安全，另一方面能够创造人与水体接近的机会；临山的一边应以渐变的坡度和山体相接，近水的一边以缓慢的坡度，徐徐伸入水中，造成冲积平原的景观。第三，在平地上，为了景观需要，可挖地堆山，可布置各种景点，可用植物分隔等，解决平地景观单调乏味的问题。

**2. 凸地形**

凸地形比周围环境的地形高，且视线开阔，具有延伸性，空间呈发散状。它一方面可组织为观景之地，另一方面因地形高处的景物往往突出、明显，又可组织为造景之地。（见图 3-22）

图 3-22　内蒙古砒砂岩地质公园

凸地形的表现形式有土丘、丘陵、山峦及小山峰等。凸地形在景观中可作为焦点物或具有支配地位的要素，当其被较低矮的设计形状所环绕时更是如此，其在现代园林设计中经常应用。从情感上来说，上山与下山相比较，前者能产生对某物或某人更强的尊崇感，因此，那些教堂、寺庙、宫殿、政府大厦以及其他重要的建筑物（如纪念碑、纪念性雕塑等）常常耸立在地形的顶部。（见图 3-23）

图 3-23　巴西耶稣像

在园林设计中，设计师如果想突出强调设计要素的焦点作用，可以在凸地形的顶部进行安排，使焦点作用得到进一步强化。如果想增强凸地形的视觉高度，可以通过布置从山脚到山顶的直线元素来进行强化；如果要削弱凸地形在场地空间中的视觉高度，则需要设置与山脚至山顶直线相垂直的环山元素。凸地形顶部提供给游人观察周围景象、环境的广阔视野，其所产生的空间体验具有天然的外向性。在中国传统园林中，在一个空间序列中，总会在假山顶部设置景观亭，为登山的游人提供良好的视野，提高游人的兴致。（见图 3-24）

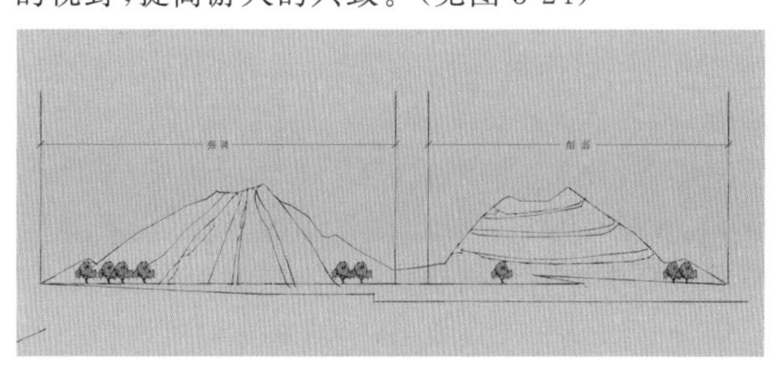

图 3-24　元素对地形的影响

### 3. 凹地形

凹地形是指由周边较高的环境围合、具有封闭空间感的洼地，常见的形成方式有两种：一是在某一区域范围内通过土方挖掘而产生的低于周边环境的洼地；二是在地形设计时，凸地形相连而产生的具有凹陷感的场地。凹地形的封闭空间感受周边地形标高、脊线范围、坡度、树木围合与周边构筑物高度的影响，各元素组合越紧密，凹地形的封闭感越强烈。（见图 3-25、图 3-26）

图 3-25 元素对地形的影响

图 3-26 北京下沉公园

凹地形在景观设计中常被用作独立空间，与其他地形连接时，可以丰富空间类型，增强人在环境中的空间体验。凹地形作为空间起伏设计中的低洼部分，适宜布局独立性、私密性较强的功能区，也适合作为水面的设置区域。凹地形在调节气候方面也有重要作用，它可躲避掠过空间上部的狂风。当阳光直接照射到其斜坡上时，可使地形内的温度升高。因此，凹地形与同一地区内的其他地形相比更暖，风沙更少，具有宜人的小气候。凭借凹地形的内向性、封闭感，设计师利用该地形的特点设置表演场地，观众在凹地形四周的坡面上可观看到底部的舞台。（见图 3-27）

### 4. 山脊

山脊处通常不具备较大的宽度，而具有连续性的长度，与凸地形相比较而言，空间感更紧凑，可以将其看作“挤压过”的凸地形。二者具有一定的相似性，同时也存在较大的差别。山脊可以用来调节空间形态，改变空间形状，从生态角度来讲，还能够改变、分隔局部小气候。在风景园林中，山脊地形可以用来作为空间转换的遮挡，转移游人视线；也可作为空间分割的界线，将空间划分为两个相对独立的部分，使人感觉到空间层次的变化。从排水角度来讲，山脊的作用就像一个“分水岭”，降落在山脊两侧的雨水，将各自流到不同的排水区域。（见图 3-28）

图 3-27 山脊微地形

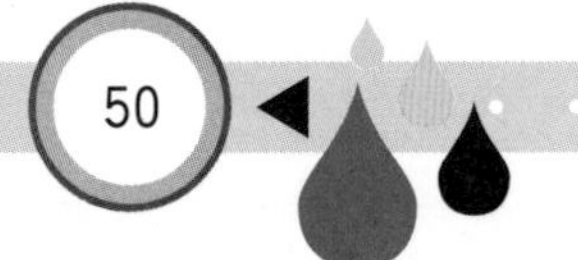

#### 5. 谷地

谷地具有凹地形的内向特点，也具有山脊的方向性特点。与凹地形相似，谷地是景观中的基础空间，适合安排多种项目和内容。但它也具有方向性。在较大尺度的园林设计项目中，谷底通常是设置小溪、河流的区域；而进行硬质景观设计时，要尽力去避免可能的生态破坏，且场地、构筑物设置要避开洪泛区。（见图 3-29）

图 3-28 下沉式舞台

图 3-29 奥斯陆 Grorud 公园

### 3.1.3 地形在设计中的表现方式

#### 1. 等高线画法

等高线指的是地形图上高程相等的相邻各点所连成的闭合曲线。把地面上海拔高度相同的点连成的闭合曲线垂直投影到一个水平面上，并按比例缩绘在图纸上，就得到等高线。等高线也可以看作是不同海拔高度的水平面与实际地面的交线，所以等高线是闭合曲线。在等高线上标注的数字为该等高线的海拔。等高线是最常用的景观地形平面图表达法，也是设计师进行地形规划时通用的表达方式。初学者可以将等高线想象成将一个地形用数个透明的平面水平分隔，在透明平面上形成的轮廓叠加后形成的图像。（见图 3-30、图 3-31）

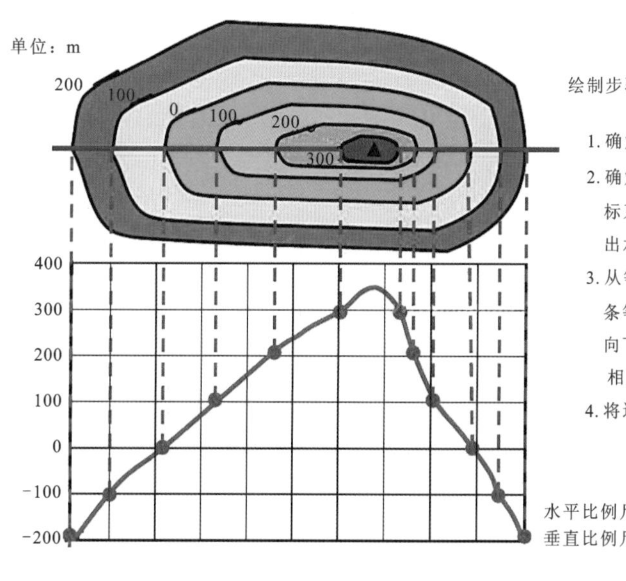


图 3-30 等高线画法

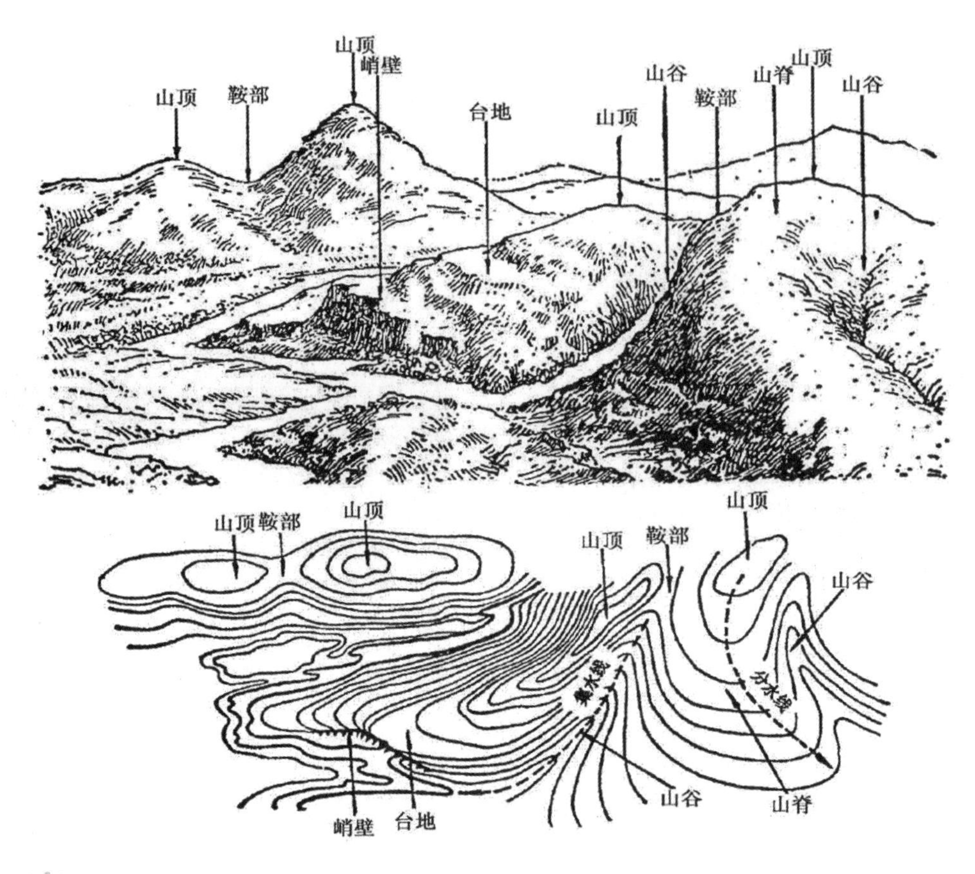


图 3-31 等高线示意图

了解等高线，还需要知道等高差的概念。等高差是指在一个已知平面上任意两条相邻的等高线之间的垂直高差。例如，在起伏较小的地形中，等高线中标注的数值为 0.5 m 差值，就表示两条等高线在海拔中具有 0.5 m 的垂直高差。一般的景观设计项目中，常用的等高差有 0.5 m 与 1 m 两种。

等高线绘制需要特殊注意的问题是原地形等高线用虚线表示，而经过设计的等高线用实线表示。在进行园林景观设计时，不可避免地会对地形进行排水系统改造、道路修建、停车场设置等，这些都涉及对原有场地地形的修整。地形修整包含填方、挖方两种，都属于对场地的再设计。

### 2. 坡度计算

在景观地形设计中，地表径流、排水坡度、土壤自然安歇坡度设置等问题的处理，都影响着地形坡度的设计。在地形坡度设计中，还应考虑人在道路上的行走、骑行及车辆行驶需求。即便在最简单的广场景观设计中，也需要考虑排水坡度的问题。忽视坡度的景观设计，必将影响项目的最终实现。一般而言，坡度小于 1% 的地形容易产生地面积水，影响其户外活动、交通等使用功能。坡度为 1%～5% 的地形排水较为理想，在停车场、运动场等大面积场地中，需要按区域进行排水划分，避免单坡排水设计而造成较大的场地高差。坡度为 5%～10% 的地形，仅限于局部塑造特殊空间感。（见图 3-32）

通常，不同地形空间陡地按坡度分为：缓坡地[坡度为 3%～10%（1：33.4 至 1：10）]、中坡地[坡度为 10%～25%（1：10 至 1：4）]、陡坡地[坡度为 25%～50%（1：4 至 1：2）]、急坡地[坡度为 50%～100%（1：2 至 1：1）]、悬崖坡地[坡度大于 100%（1：1）]。

园林地形的坡度通常为 3%（地面自然排水较顺畅的坡度）至 50%。我们从景观与游人活动为切入点，按不同坡度对游人活动的影响进行分析：坡度为 100%～50%（1：1 至 1：2.5）时，需要做硬质材料护坡，人难以站立平衡；坡度为 50%～25%

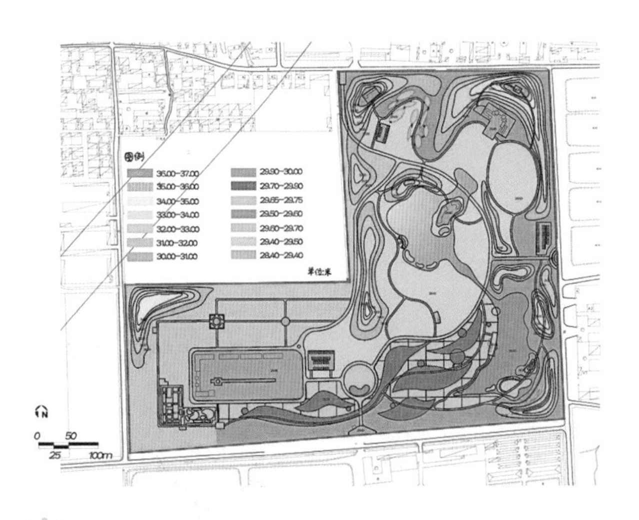

图 3-32 竖向设计图中的坡度

(1∶2.5 至 1∶4)时，可用植物材料护坡，人可以站立，但不舒适，感觉吃力，有滚落的危险；坡度小于 20%(1∶5)时，人可直立行走，基本无不舒适感；坡度小于 10%(1∶10)时，人行走在其上，有如履平地之感。我们选择的地形坡度为 3%～10%(1∶33.4 至 1∶10)缓坡地地形，少量采用 10%～25%(1∶10 至 1∶4)的中坡地地形。

## 3.1.4 地形设计注意事项

在地形设计中，要对场地周边环境情况、地理位置、周边建筑功能、地下管网等因素进行综合分析，从而根据功能布局进行合理设计。而对于场地内的地形、高低、植物种植情况，需要因势利导、因地制宜，达到“方者就其方，圆者就其圆，坡者顺其坡，曲者随其曲”，地形阔而倾斜的可以设计台地，层层叠叠，高处建亭台，低处凿池沼。在现代居住区景观设计中，宅间绿地要根据设计风格借助曲径、草坪、亭廊、水池、假山、竹木、花坛，设计出观赏区、休闲区、健身区、儿童活动场所和网球、篮球场地，尽量做到功能性、观赏性和艺术性的有机结合。(见图 3-33)

园林景观地形设计要贯彻适用、经济的原则，慎重平衡功能与形式。为达到特殊形式而耗费大量人力、物力、财力的设计并不可取；而只为节省预算，造成的景观设计“粗制滥造”也同样需要避免。地形设计时，设计师需要着重考虑以下几个方面。

图 3-33 拙政园一角

### 1. 功能布局设计“因地制宜”

因地制宜在实际中的应用并非高不可就。例如，在地形设计中，以利用现场地形为主，结合功能布局与空间安排进行适当改造，尽量减少土方的调整，降低工程造价，这就是典型的因地制宜，坚持“高方欲就亭台，低凹可开池沼”的理念指导地形设计。(见图 3-34)

图 3-34 江洋畈生态公园

### 2. 园林设计整体性

园林设计并非独立的设计，需要将设计项目融入周边环境，减少园林设计与周边环境的隔阂。合理地处理园林与周边环境的关系，是方案设计成败的关键。在小范围环境内展开设计，地形起伏不宜过大，如特殊需要，地形高处也应尽量设置在四周，将中间范围形成整体空间感。(见图 3-35)

### 3. 承载园林设计功能

地形设计对满足功能需求尤其重要，不同的地形能够承载不同的功能。游人在园林景观中的活动多种多样，不同活动对地形的需求也各不相同。地形设计要根据游人对活动场地、环境的需求进行相应的设计。例如，户外活动区域的地形应平坦，安静休息与游览赏景则需要山林、溪流等。（见图3-36）

图 3-35 智利 Termas Geométricas 天然温泉

图 3-36 薰衣草湖艺术工厂及环境设计

### 4. 满足园林空间要求

地形设计影响园林景观空间组织，有助于营造丰富的景观效果。

### 5. 达到安全标准

地形设计要具备科学的施工技术基础，保障地形能够持久不变，达到预期的设计目的。

### 6. 满足植物、水体等要素设置要求

地形设置不仅影响景观效果，更重要的是承载着其他园林要素。不同的设计要素需要借助不同的地形设计才能够实现。为保障植物、水体等景观要素的呈现，需要对土壤、坡度设置进行合理安排，满足要素设置特殊要求。

### 7. 绿色节能要求

地形设计中，要尽量保证实现土方就地平衡，根据场地综合考虑，全面分析，尽量只进行最小限度的土方调整，从而节省人力、降低造价。

## 3.2 建筑

建筑物，无论是单体还是群体，都是园林中不可或缺的重要元素。建筑物能够影响并限制室外空间，影响视线，改善小气候，以及能影响毗邻景观的功能结构。建筑物不同于其他涉及园林建造的设计元素，这是因为所有的建筑物都有自己的内部空间，满足游人的室内功能需求，其他元素则不具有这一特点。提供内部功能需求体现在建筑物的墙壁所围成的空间里，也体现在临近的过渡空间中。建筑物及其临近环境，是人们活动的主要场所。这些活动包括吃饭、休息、休闲、学习、社交等。

### 3.2.1 建筑物类型

建筑物根据不同要求能够划分成不同种类。

建筑物按照其使用性质，通常可分为生产性建筑和非生产性建筑。园林建筑（例如：公园、动物园、植物园中的亭台楼榭等）属于非生产性建筑中民用建筑的范畴。本节将围绕传统建筑形式展开介绍。

**1. 亭**

亭子是眺览、休息、遮阳、避雨的点景建筑。正所谓“亭者，停也，所以停憩游行也”。在中小园林中，亭子就是整个园区的主景。在大型园林中，为使空间层次丰富，规划出很多小景区，而亭子往往成为这个小景区的主景。亭子也是形体组合中心的活跃单元，在景致疏松或幽偏之处，以亭活跃空间气氛，可以起到点缀等作用。可以说，无论是在传统园林还是现代园林中，亭子都起着不可替代的作用。（见图 3-37）

图 3-37　雪中亭

**2. 廊**

廊是指屋檐下的过道、房屋内的通道或独立有顶的通道。廊是形成中国古代建筑外形特点的重要组成部分。屋檐下的廊，常被作为室内外的过渡空间，是构成建筑物造型上虚实变化和产生韵律感的重要手段。园林中的游廊则主要起着划分景区、造成多种多样的空间变化、增加景深、引导游人观赏等作用。随着现代科技的进步和审美感受的日趋多样化，不同形式、不同复合材料构造的回廊不断丰富着现代园林设计。（见图 3-38）

图 3-38　长廊

**3. 榭**

榭是指有平台挑出水面用于观赏风景的园林建筑。《园冶》中提到：“榭者、借也，借景而成者也，或水边，或花畔，制亦随态。”榭是园林建筑中依水架起的观景平台，平台一半架在岸上，一半伸入水中。榭四面敞开，以供人们游憩、眺望。（见图 3-39）

图 3-39　榭

**4. 石舫**

石舫又称石船、旱船或不系舟，是中国古代园林中模仿画舫的装饰性建筑。一般位于人工湖近岸的水中，下部为半浸于水下并固定的石制船身，上部有木结构的舱楼。（见图 3-40）

**5. 厅堂**

厅堂是园林中的主要建筑。园林中的厅堂过去是园主进行各种享乐活动的主要场所，名称各式各样，大多是按照用途而命名的，但也有一厅兼有

图 3-40　石舫

几种用途而不能明确区分的。厅堂按构造分，用长方形木料做梁架叫作厅，用圆形木料做梁架称为堂。厅堂都处在整个园林中最重要、最突出的地方。（见图 3-41）

图 3-41　拙政园远香堂

### 6. 楼

楼是供人居住的房屋，在传统园林建筑中多为两层，个别也有三层的。楼一般只在一面或两面设窗，供人们观景，起通风作用。通常南北开窗。园林中楼的造型是一层为厅堂式建筑，外部设有立柱，用以支撑上层建筑，并形成一种外廊。

### 7. 台

台本身是保持的意思，就是说筑土高而坚，使它能够保持自己。凡是木架或者叠石上架有一块平台的都叫作台。台在园林建筑中多与楼廊亭榭相结合，供人眺望园林的景色。台多建在高地或临水的池边。

## 3.2.2 园林建筑设计的要点

### 1. 园林建筑设计思路

园林建筑布局中需要注意两个因素，这两个因素决定了园林建筑的设计是成功还是失败。一是空间结构。空间的结构决定了该园林建筑是否能在空间中定位。二是认同感。园林的整个体验是否和园林建筑连为一体，场所是否融在园林里面，使环境认同，只有客观地分析场地、认真地分析人们的需求、合理地总结并归纳当地地域特色以及文化底蕴才能设计出好的园林建筑，让整个园林更加绚丽。

### 2. 园林建筑的功能设计

1）点景功能设计

点景要与自然风景相结合，园林建筑常成为园林景观构图中心的主体，成为可以进入其中感受的局部小景或主景。设计好建筑分布的规律可以控制全园布局，园林建筑在园林景观构图中常有画龙点睛的作用。点景建筑一般是厅堂等园林主体建筑。

2）赏景功能设计

建筑作为观赏园内外景物的场所，一栋建筑常成为画面的重点，而一组建筑物与游廊相连成为动观全景的观赏线。因此，在设计中，建筑朝向、门窗位置大小都要考虑赏景的要求，其中亭为重要的赏景建筑之一。

3）引导功能设计

建筑在园林中常常具有起承转合的作用。当人们的视线触及某处园林建筑时，游览路线就会自然而然地向其延伸，建筑常成为视线引导的主要目标。所以，在设计中要有意识地选择建筑的位置。常见的引导建筑主要有廊和桥。

4）空间分割设计

园林设计空间组合和布局是重要内容，园林常以一系列的空间变化巧妙安排给人以艺术享受，以建筑构成的各种形式的庭院及游廊、花墙、圆洞、门等恰是组织空间、划分空间的好手段。而在现代园林设计中，富有趣味的景墙、回廊、张拉膜结构、雕塑、别致的园林小品等同样在空间的营造中起着有效的分割作用。

### 3.2.3 园林建筑设计的特点

（1）在布局上要因地制宜。园林建筑选址除了要考虑功能要求，还要善于利用地形，结合自然环境，与自然融为一体。

（2）要情景交融。园林建筑应结合情景，抒发情趣，要与诗画结合，这样就可以加强感染力，达到情景交融的境界。

（3）在空间处理上，园林建筑尽量不要形成轴线对称，最好做到曲折变化，空间布置要灵活得当，通过空间的划分来形成大小空间的对比，增加层次感，扩大空间感。

（4）在造型上，园林建筑要重视美观的要求，建筑的外观要有表现力，增加园林画面美，建筑的造型和大小都应与园林景观协调、统一，造型要表现园林和地方的特色。

### 3.2.4 园林建筑设计的原则

“山水植物为主，建筑是从”，是我国造园的基本原则。在园林中，建筑起着画龙点睛的作用。建筑的大小、布局、造型等都要以造园组景的需要为首要前提，从而获得最佳的观赏效果，而又不失实用功能。建筑的要求不同，处理手法也有所不同。对于有游览观赏要求的，如亭、廊、舫、榭等建筑，应主要注重景观功能；对于有使用功能要求的，如园林管理、卫生间等建筑，应主要注重使用功能。园林建筑细节上的处理也应该与园林相融合，不能仅就建筑自身考虑，还必须注意建筑与山水、植物等自然景物的联系。建筑设计要坚持“经济、适用、美观、安全”的原则。

## 3.3 植物

植物是园林设计的重要构成要素，是能够让环境充满生命活力的元素。读者需要对园林学与园艺学两个概念进行区分。在目前的园林设计中，园林设计师的考虑范畴不限于植物材料在环境中使用的范畴，并不是单一的植物搭配。应当理解为，植物要素是园林设计师在对不同规模土地资源进行整体规划时营造适宜环境的重要内容。园林设计师需要对植物有深入的了解，特别是对植物在园林设计中的功能有着熟练、敏感的应用方式。设计师首先要了解、掌握植物设计特性，能够灵活利用植物的尺度、形态、色彩与质地，还要了解植物的生态习性。园林设计师没有必要精确地去了解植物叶柄大小、叶片锯齿等植物学细节，也无须成为园艺师、苗圃工人等栽培专家，但园林设计师需要通晓植物的观赏特性、植物生长所需的生态条件、植物生长对环境的生态效应等问题。除此之外，园林设计师在设计中需要考虑园林景观的近期景观效果，还需要考虑园林远期的景观效果。（见图 3-42）

### 3.3.1 植物的功能

#### 1. 改善气候、保持水土、净化空气、改善环境

植物在改善城市气候、调节气温、吸附粉尘、降音减噪、保护土壤和涵养水源等方面都显示出极为重要的作用，植物又是创造舒适环境最有力而又最经济的手段。夏天，树荫能遮挡阳光，使人们免受阳光的暴晒，而且植物叶片表面水分的蒸发和光合作用能降低周围空气的温度，并增加空气湿度；冬天，阳光能透过枝干给予人们冬天里的一点温暖。我国西北地区风沙较大，常用植物屏障来阻挡风沙

图 3-42　植物形态

的侵袭。具有深根系的植物、灌木和地被等植物可作为护坡的自然材料，有利于保持水土。

### 2. 围合空间、控制园林视线

植物可用于空间中的任何一个平面，以不同高度和不同种类的植物围合形成不同的空间。

在地平面上，以不同高度和不同类型的地被植物、矮灌木丛来暗示空间边界。虽然这种分隔不是通过竖向界面实体完成的，但能够形成一定的空间界限，形成一定的范围。（见图 3-43）

图 3-43　植物暗示空间

在垂直界面上，植物能够通过树干、树冠形成隔离。密度不同、分枝点不同的树干形成的界面给人的视觉效果不同，营造的空间感随着密度增大而变化。树干越密集，形成的空间也越封闭。树冠对空间的影响有两个方面，即树叶密度与树干分枝点高度。树冠树叶越密集，封闭感越强；分枝点越低，围合感越强。除了上述内容，植物树干、树冠给人的围合感还会随着季节产生变化。（见图 3-44）

图 3-44　林中小路

在顶平面上，植物同样能够限制、改变空间给人的感受。植物的枝叶就如同室外空间的吊顶，限制了树下空间中人的视线，并通过树冠到地面的距

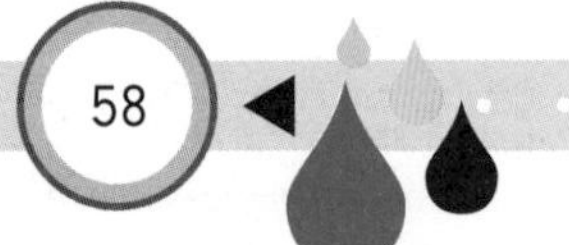

离影响着空间尺度。当然，季节、枝叶密度、树木冠幅等因素影响着植物对空间的限定感。（见图 3-45）

图 3-45　树下空间

空间围合的质量决定于植物材料的高矮、冠形、疏密和种植的方式。根据人们视线的通透程度，可将植物构筑的空间分为开敞空间、半开敞空间、封闭空间三种类型，不同的空间需要选择不同的植物。（见图 3-46）

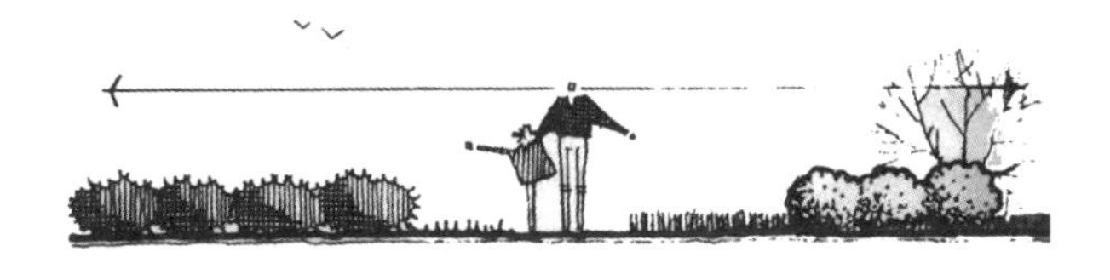

图 3-46　种植与空间围合

植物开敞空间：以低矮灌木、地被植物为主要空间限定因素。这种空间给人的体验具有开敞感、空旷感、外向感，缺乏隐秘性，完全暴露在场地中。

植物半开敞空间：该空间与开敞空间类似，具有一定的开敞性，但是，在空间中的一个或多个方向，视觉受到较高植物的阻隔，限制了游人的视线。半开敞空间具有一定的方向性，其方向性指向开敞面。这种空间在一面需要隐蔽性，而另一面需要景观的民居住宅环境中。

植物覆盖空间：该空间类型借助茂盛的植物树冠，形成顶部覆盖、四周开敞的空间。通俗来讲，林下空间都属于覆盖空间，包括树冠之下、地面之上的部分，人们能够在树干的间隔中穿行。

完全封闭空间：该空间顶部由树冠构成的顶面遮蔽，垂直界面由灌木及其他较高植物遮挡视线，最终形成四周被围合的状态。这种空间由于限定因素较多，光线较少，缺乏方向性，因此，具有极强的私密性。

垂直空间：该空间两侧受阻，视线无法穿透垂直界面，形成顶部开敞。该空间是植物营造空间中唯一能够营造垂直感的空间，其缺少顶部遮挡，垂直空间感强弱取决于四周围合程度。该空间能够引导人的视线由平视转向仰视，从而形成高耸的空间感。

### 3. 表现季相，增强自然感受

季相变化是指由于植物群落中主要层植物的季节性物候变化而使植物群落出现不同的外貌特征。这种季相变化是植物群落适应外界环境的具体表现，不同的植物群落，其季相变化是不同的，其中草本植物群落的季相变化最明显，落叶阔叶林次之。对于生长常绿阔叶林和雨林的环境，各种植物几乎没有休眠期，全年都呈现出绿色，所以植物群落的季相变化不明显；而温带地区的落叶阔叶林植物群落的季相变化尤为明显。

季相景色是植物材料随季节变化而产生的暂时性景色，具有周期性，通常不宜单独将季相景色作为园景中的主景。为了加强季相景色的效果，应成片成丛地种植植物，同时也应安排一定的辅助观赏空间，避免人流过分拥挤，还应处理好季相景色与背景或衬景的关系。（见图 3-47）

图 3-47　植物季相变化

### 4. 改变地形样貌,装饰山水建筑

在园林设计中,植物要素的使用通常结合着其他要素,而并非单一使用来营造景观空间。

在配合地形要素进行设计时,适宜的植物种植能够加强或削弱场地空间感。在由凸地形与凹地形连续构成的空间序列中,植物搭配能够削弱低洼处场地的凹陷感。如果将植物种植在凸地形,得到的结果是增加了凸地形的视觉高度,增大了凹地形四周的封闭界面,也随之增强了凹处的空间封闭感。为了增强地形要素构成的空间感,可以借助植物对地形的增强作用。

植物材料与构筑物要素结合使用,能够柔化建筑边界,使构筑物边界与周边环境有效融合,丰富景观效果。同时,植物要素能够成为建筑围合空间的有效分割元素。利用植物要素形成的富有形态变化的空间形状,能够表现园林空间的趣味。

从城市的尺度来观察环境,植物要素能够作为宜人的自然材质去分隔硬质景观,减少建筑丛立带来的冷漠感。如果没有植物要素在环境中充当缓冲要素,则城市环境必然显得冷漠、空旷、缺乏人情味。

从建筑角度而言,植物能够丰富其周边空间层次,能营造氛围,常用方式有围合、衔接、遮蔽等。围合是指将建筑作为室外空间围合的一个或多个垂直界面,剩余的竖向界面由植物补充,最终形成围合空间。这种空间植物界面越多,自然感越强烈。衔接是指借助植物的连续排列将相邻的建筑物联系起来,构成建筑与植物围合的独立空间。遮蔽是指借助植物在垂直角度遮挡游人视线的作用,丰富空间转换。(见图 3-48)

图 3-48 植物障景作用

## 3.3.2 种植的基本程序和方法

种植并非环境的装饰物或点缀,而是同地形、构筑物、水体等要素具有同等重要的作用,能够为设计师处理各种环境问题及营造特定空间氛围提供更多选择,其功能和观赏作用的实现要符合特定要求。掌握种植设计程序和方法的前提,还需要初学者掌握种植设计必备技能。植物种植设计需要考虑的问题很多,例如空间营造、土壤环境、光照温度等。要对相关问题进行分类考虑,需要借助相关绘图技能来表达设计思考。

### 1. 植物种植设计的基本思维过程

1) 深入分析场地功能

园林设计围绕人们不同使用要求展开多方面的内容设计,种植设计是其中之一。种植设计的前提是基于满足特定功能需求的场地环境。不同的功能需求导致种植设计呈现出较大差异。场地空间功能对空间有着内在的制约作用,植物种植需要配合这种需求。换言之,场地空间的功能作用对塑造的植物群落、物种搭配和形态特征等多方面起到限定作用,脱离这种限定,必然难以表现出该场地的特定空间功能属性。

2) 对场地环境的深入了解

植物种植设计受到植物生长规律的制约,不同的土壤环境、气候条件需要深入分析并加以利用。通过对各种环境因素,特别是场地环境的主导因素进行分析并合理利用,是保障植物群落特性并顺利实现设计意图的必要内容。确保种植设计形态符合该区域的自然群落特征,能够有效融入周边自然环境,使之成为有机统一整体。

3) 种植规划设计系统性思考

种植规划设计的系统性思考建立在对功能需求、场地环境深入分析的基础上,如果上述内容无法得到深入完善,后续的细节及细部内容将无法跟进。在这一设计环节,设计师主要考虑的问题也需要划分为不同层次,首先要考虑的是种植区域初步布局,将种植区域划分为不同植物种植类型的小区域,主要体现区域大小及形态。其次要分析种植区

域内的竖向高度关系，即用概括分析的方法分析不同种类植物的相对高度，按照一定的比例尺，合理地布置植物高低错落关系。为了达到预期的景观设计目的，我们应该尽可能地尝试多种搭配组合，从中选取最优方案。最后，将植物规划区域范围内填充上相应的单株植物，并相应地选取合适的植物种类。

### 2. 艺术构思与植物造景的规律

1）统一性原则

植物景观规划需要考虑植物的种类、形态、色彩、冠幅、比例等因素，还需要考虑植物观赏内容（花、叶等）。不同的季节。观赏侧重点不相同。（见图 3-49）

图 3-49　武汉樱花园赏花季

植物种植规划需要考虑的问题较多，需要进行分类思考，最终确定合理规划方案。植物特点多样，在设计中要考虑到其各自特点又要保持一定的相似、统一感。在规划设计中缺乏统一考虑，必然造成植物景观杂乱、变化多样，导致整体缺乏美感，显得杂乱无章。不排除在局部设计中的多样会导致支离破碎感，而只考虑统一性，植物搭配也会落到单调、乏味的境地。因此，在植物造景过程中，要采用辩证思维的方法，既能够在植物规划细节中增加变化，又能够跳出细节在宏观、系统的角度上把握整体统一感。

2）主次与秩序

园林景观在设计过程中通常会采取一定的主题来表达空间，使场景能够在满足功能需求的基础上让人流连忘返、记忆深刻。植物景观规划在主题空间营造中也起到烘托主题的作用。

植物景观规划要运用各种景观设计手法对植物种类进行合理搭配，要明确主次。通常采用的手法是“先面后点”“先主后次”，主次变化才能够达到烘托主题的效果。在园林设计整体中，首先要通过植物种植营造空间，再通过植物搭配体现细节内容。在单株植物方面，应该侧重植株单体形态、色彩、意境等自然美感应用。植物主题的塑造一般要分清背景植物与主题植物，特别突出某一类树种，而其他种类植物作为陪衬。例如：黄山迎客松（见图 3-50）成为引人入胜的景点，也是因为植株本身的形态结合人文内涵所产生共鸣达到的较高意境；而在江南园林中，采用各种翠竹来达到某种文人墨客需要的文化意境则是采用主题性，突出竹子这一种植物，而圆柏、侧柏等乔木则作为陪衬出现。

图 3-50　黄山迎客松

3）空间组织优先原则

植物种植与建筑形态、构筑物、地形、水体一样，具备分隔、引导空间的功能，合理利用植物搭配来实现空间组织是园林设计常用的手法。植物景观规划缺少对空间的组织，场地环境氛围容易单调乏味。因此，在种植设计中，需要耗费精力对植物空间组织进行深入研究。枝繁叶茂的单株乔木可以起到引领空间的作用，而密植的灌木丛能够起到分隔空间的作用，平坦的草坪能够营造开敞的空间氛围。这些种植组织的空间具有构筑物围合空间所不具备的自然意境美，借助障景、借景等设计手法，能够营造不同的景观效果。（见图 3-51）

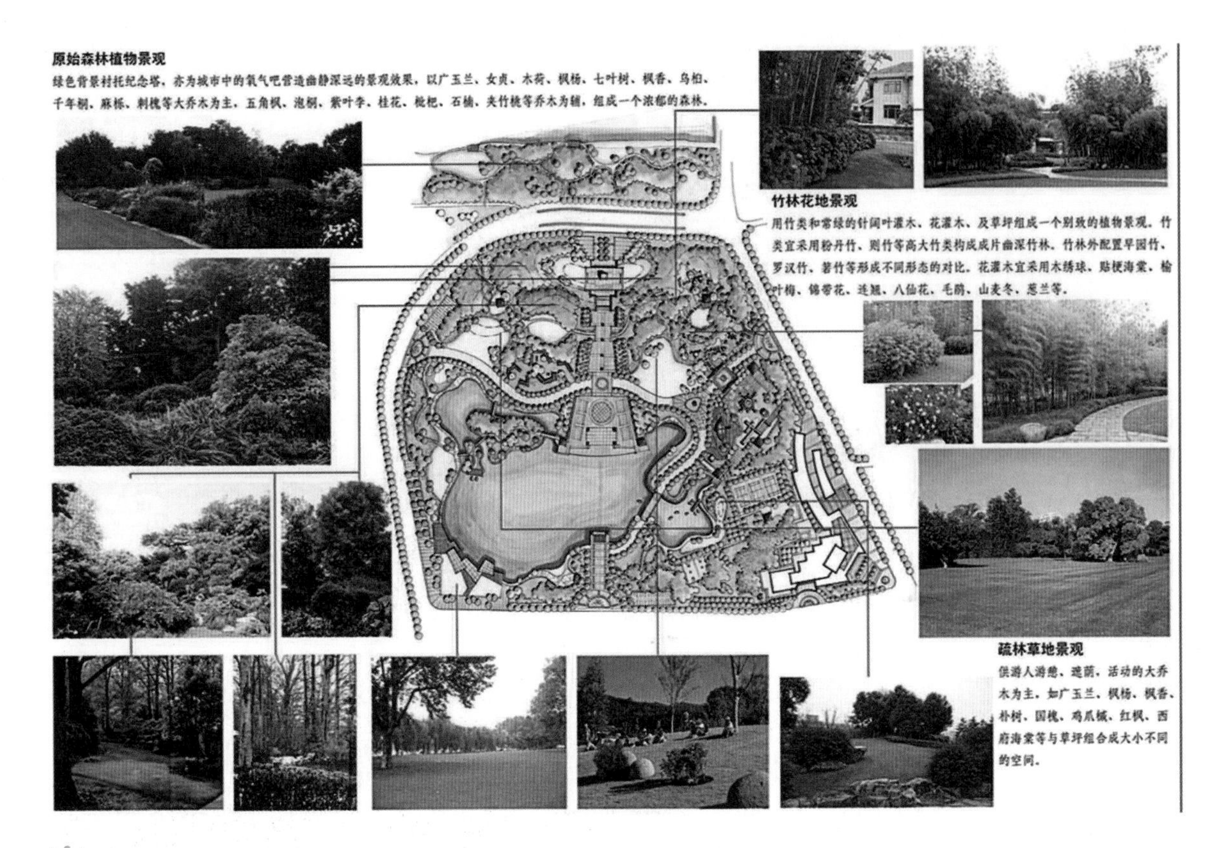


图 3-51　种植规划设计

4）林缘线韵律化

有规律的再现称为节奏，在节奏的基础上深化而形成的既富有情调又有规律可以把握的属性称为韵律。如道路两旁和狭长形地带的植物配置容易体现出韵律感。设计时要注意纵向的立体轮廓线和空间变换，高低搭配、有起有伏，从而产生节奏韵律，体现有变化、有韵律的林缘线和林冠线。植物造景时应充分考虑树木的立体感和树形轮廓，通过里外错落的种植及对曲折起伏地形的合理应用，使林缘线、林冠线有高低起伏的变化韵律，形成景观的韵律美。几种高矮不同的植物，成块或断断续续地穿插组合，前后栽种，互为背景、互相衬托，半隐半现，既加大了景深，又丰富了景观在体量线条和色彩上的搭配形式。（见图 3-52）

图 3-52　日式园林的林缘线处理

5）均衡原则

将体量、质地各异的植物种类按均衡的原则配置，景观就显得稳定、顺眼。如色彩浓重、体量庞大、数量繁多、质地粗厚、枝叶茂密的植物种类，给人以重的感觉；相反地，色彩素淡、体量小巧、数量简少、质地细柔、枝叶疏朗的植物种类，则给人以轻盈的感觉。根据周围环境，可采用规则式均衡或自然式均衡。规则式均衡常用于规则式建筑及庄严的陵园或雄伟的皇家园林中，自然式均衡常用于花园、公园、植物园、风景区等较自然的环境中。

## 3.3.4 种植设计注意事项

符合自然植物群落形态特征。自然植物群落

的发生、发展以及所呈现出的形态特征和其所处的地域环境是密不可分的。当地域环境条件发生变化时，群落的组成成分、结构形式、形态特征以及群落的演变和发展过程也会发生相应的变化。自然植物群落是植物与植物、植物与动物、植物与环境之间长期相互作用和相互影响的结果，并以其特有的组成成分、结构形式和形态特征体现出植物群落的地带性特征。因此，在植物群落塑造过程中，一定要确保塑造的植物群落在组成成分、结构形式和形态特征等方面符合本地区植物群落特征，并且强调突出植物群落的地带性特征。为了确保该目标的实现，必须调查、分析地区自然植物群落的物种成分和结构特征，分析自然植物群落的外貌特征和群落所处的发展阶段。

适地适树就是使栽种树种的特性符合地域特点，生物学特性和树体所处地域的立地条件相适应，达到该立地在当前技术经济条件下可能达到的最佳状态。立地条件和树体之间既不可能产生绝对的配合，也不能有永恒的平衡，可以说适地适树只是相对的。尽管如此，衡量是否达到适地适树也应该有一个标准，即根据塑造植物群落的目的来确定，包括生长状况、稳定性及抗御能力等。在一定地区内，虽然大气和地貌已经基本一致，但是不同的地块之间仍然存在着很大的差异，表现在它们处在不同的地形部位，具有不同的小气候、土壤、水文、植被及其他环境状况。这样就把与树木生长发育有关的自然环境因子综合称为它的立地条件。在实际中，尽管作用于树木生长的环境因子有很多，但是它们却有主次之分，所以应该在众多的环境因子中找到主导因子。由于情况千变万化，要找出主导因子，可以从两个方面进行探索：一是逐个分析各环境因子与植物必需的生活因子（光、热、气、水和养分）之间的关系，从这个分析中找出对生活因子的影响面最广、影响程度最高的那些环境因子；二是找出那些处于极端状态，有可能成为植物生长的限制因子的环境因子，按照规律成为限制因子的一般也就是起主导作用的因子，如干旱、严寒、强风、过高的土壤含盐碱量等。把这两个方面结合起来，从保证植物生长所需的光、热、水、养等生活因子着眼，分析各环境因子的作用程度，注意各因子之间的相互联系。分析主导因子时需要注意两点：一是寻求主导因子不能只凭借主观分析，而要依靠客观调查，从各种环境因子对树木的影响程度的客观现象中总结出主导因子；二是主导因子的地位离不开它所处的具体场合，场合变了，主导因子也要改变。

## 3.4 水体

“水”是园林设计的灵魂。水体在园林景观设计中是非常重要的。水体能够成为园林设计中的重要要素，主要在于功能与审美两个方面的主要作用。从功能角度来看，水体具有改善微气候、降低噪声、园林灌溉、蓄水等功能，随着海绵城市建设，水体能够在园林景观规划中起到的作用更多。而从审美角度来看，水体是整个园林设计诸多因素中能够激发人兴趣的因素之一。人从本能上天然需要水，人的生存需要水，人在情感上也具有亲水的特点，喜欢接触水，古典园林设计中从来不缺少水的元素。

水景能够作为园林景观设计中的衬托、从属部分，也能够单独作为景观主体出现。总体来看，水体在设计中主要以静态水体和动态水体两种方式出现。静水包括湖、池、塘、潭、沼等形态；动水常见的形态有河、湾、溪、渠、瀑布、喷泉、涌泉、壁泉等。另外，水声、倒影等也是园林水景的重要组成部分。（见图 3-53）

图 3-53 云南九龙瀑布

## 3.4.1 水体造景与现实效用

### 1. 衬托

面积较大的水面能够提供开阔视域，让人能够获得远眺所需要的视觉空间，同时衬托驳岸景观；而在小尺度的景观设计中，水面仍能够借助倒影的作用，让视觉空间向下延伸，丰富、扩大局部空间。在进行园林设计时，如果需要对有限范围内的空间增强视觉体验，营造独特意境，水体是优先考虑的设计手法。当受到条件制约时，可以采用小尺度的水景来点缀空间。（见图 3-54）

图 3-54 济南大明湖

### 2. 衔接

园林中不同的空间分割方式有地形分隔、植物种植分隔、构筑物分隔等。不同要素的空间分割能够产生不同体验。上述三种分隔都具有较明显的界限感，空间转换的开敞程度决定着空间转换的剧烈程度。而水体在衔接空间时，具有自然、微妙的过渡作用，通过不同形态的水体能够产生不同的衔接效果。例如，将河道作为空间衔接，能够将景观空间连点成线，增强空间序列感；而面状水体能够提高空间主次序列感。特别是在一些零星散布的景点中，水面会起到整体的联系作用，增加景点内在联系。（见图 3-55）

图 3-55 匈牙利布达佩斯 Graphisoft 公园

### 3. 营造视觉焦点

水体形态中的喷泉、瀑布等形式能够以动态的方式吸引游人注意，成为空间中的视觉焦点。作为视觉焦点的水体设计，需要将水体尺度与周边空间尺度相协调。水体焦点采用的形式有跌水、喷泉、壁泉等，通常在向心空间的中心或狭长空间的尽头，处于较为醒目的地方。（见图 3-56）

图 3-56 哈佛大学雾喷景观

### 4. 园林灌溉

在园林设计中常用的灌溉方式主要为人工灌溉，通过预埋给水管道与洒水车喷洒的方式来实现。但是，随着海面城市建设的逐步展开，园林在

雨水利用方面的作用也逐渐增强。园林中的水体设计需要考虑灌溉方面的实际用途，能够提高水资源的使用效率。

#### 5. 调节微气候

园林景观中的水体可以用来调节室外局部环境气候，降低地表温度。水体面积越大，对局部环境气候的影响范围越大。例如，夏季水面温度较低，凉爽的气流能够降低周边环境的温度；较小的水面也能够具有同样的效果，水蒸发之后能够使水体周围温度降低，改善场所环境温度。（见图 3-57）

图 3-57 壁泉

#### 6. 控制噪声

水体能够用于室外环境降低噪声，特别是在城市园林景观中效果更为显著。城市环境中汽车、人群、工地等环境产生的噪声干扰环境中人的正常作息，在周边可以利用瀑布、喷泉、流水等水体设计来减少噪声干扰，营造宁静的环境氛围。

#### 7. 提供娱乐场地

水在景观中的普遍作用，是提供观赏和娱乐条件。水能作为游泳、钓鱼、帆船、赛艇、滑水和溜冰场所。这些水上活动，可以说是对整个国家湖泊、河流、海洋的充分利用。而风景园林设计师的任务之一是对从私家房后的水池到区域性的湖泊和海滨所需要的不同水上娱乐设施的规划和设计。为配合娱乐活动，这些设施包括浴室、码头、野餐设施及住房。在开发水体作为娱乐场所时，要注意不要破坏景观，同时要巧妙布置和保护水源。（见图 3-58）

图 3-58 嬉水空间

### 3.4.2 水体造景的类型

在园林设计中，水体造型的处理通常需要进行人工干预才能够保障设计效果最终实现。经过设计的水体造景可以呈现出自然形态，也会呈现出设计感较强的形式感。自然界中的水体有江河、湖泊、瀑布、溪流和涌泉等自然水景类型，经过设计处理的形态有壁泉、喷泉、跌水等类型。园林水景设计师在进行水体设计时，既要师法自然，又要不断创新，因地制宜才能够营造适宜的景观形式。水体在园林景观中呈现的形式有静止的、流动的、跌落的和喷涌的四种常见类型。设计中往往不止使用一种，可以以一种形式为主，其他形式为辅，也可以几种形式相结合。

#### 1. 止水

顾名思义，止水就是静止形态的水体，处于不流动、水面平静的形态。在一些湖泊、水塘和水池，甚至一些水面较宽的河道都能够见到止水。止水的宁静、轻松和温和，能使人宁静和安详。在文艺复兴时期的法国园林与英国园林中，景观设计非常重视止水在园林中的布置。止水有着不同的形态，其作用都是强调景观，形成景物的倒影，以加强人们的注意力。止水在景观设计中的应用主要有湖泊、水塘、水池等。（见图 3-59）

湖泊是园林设计中较大尺度的水体要素，占据地面面积较大，由湖盆、湖水构成。湖泊中水体通常能够保持静止或缓慢流动的状态。平静的湖水

图 3-59 杭州西湖

如同一面镜子，能够真实地反映周围环境的形象，所反映的景物清晰、鲜明，能够让人产生如真似幻的视觉感受。微风吹拂湖面，泛起涟漪，水中景物倒影失去明确的界限，产生富有动感的斑驳景象，能够激起人们内心的波动。（见图 3-60）

图 3-60 北海美景

在一些大尺度的园林设计中，通常采用湖泊、湖面来丰富景观空间。在园林设计中设置湖泊这样大尺度水体时，除了考虑水体形态及与周边地形、植物等要素衔接问题之外，还需要对保持湖泊的自然条件加以考虑。例如：湖盆洼地深度、储水能力、水面蒸发量、湖底渗漏等问题。忽略影响湖泊形成与保持的客观环境因素，必然导致水体设计难以持续，从而影响最终的景观效果。湖泊的水体状态受湖盆的形态制约。湖泊形态是多种多样的，它对湖水性质、湖水运动、湖泊演化、水生生物都有影响。湖泊形态特征是指湖泊的形状、长度、宽度、岸线长度、面积、深度、容积等。

水池在园林设计中主要指人工设置的蓄水水体形态，一般具有较为明确的边界。池的外形属于几何形，但并不限于圆形、方形、三角形和矩形等典型的纯几何图形。例如：阿尔汉布拉的默特尔庭院设计中，水池的实际形状是以其所在的位置及其他因素来决定的，水池一看便知是人造而非天然形成的。水池最适合于以平直线条为主的市区空间，或是人为支配的环境里。水池用于室外环境时，又可以映照出天空或地面物，如建筑、树木、雕塑和人。水里的景物，令人感觉如真似幻，为赏景者提供了新的透视点。（见图 3-61、图 3-62）

图 3-61 阿姆斯特丹戏水池改造设计

图 3-62 阿姆斯特丹戏水池改造设计平面图

水塘是与水池相对应的，在园林设计中多指代自然式小尺度水体。与规则式水池相比，水塘在设计上比较自然。水塘的设计可以借助自然地形或现有存在的水体，而并非必然是自然形成的，还可以根据设计意图人工修建成自然的样貌。水塘的外形通常由自然的曲线构成。水塘的大小与驳岸的坡度有关，同面积的水塘，驳岸较平缓、离水面近看起来水面就较大，反之则感觉水面就较小。就其本质而言，池塘的边沿就像空间的边沿一样，对空间的感觉和景点有相同的影响。

### 2. 流水

动态的流水是园林设计中水体设计的另外一种形态。流水设计需要借助带有坡度的地形来实现，借助重力作用而产生流动感。流水通常被用作一种动态要素来表现具有动感、方向性、活泼的园林空间氛围。（见图 3-63）

图 3-63　动态水景

流水作为一种观赏景象，首先需要根据规划来安排，受设计意图影响，最终完成水体设计。缺乏系统性规划设计思路，流水设计往往难以实现。流水的形态受地形限制，也取决于水体自身的流量、流水面大小和坡度等因素。如需设计相对宁静、悠闲的空间感，在流水设计时需要注意水流表面宽度、水流量及驳岸材质等因素，尽量减少流水表面产生剧烈变化，以免造成水流量急速上升，同时，驳岸的曲折、粗糙程度也影响着流水的动态。这些因素阻碍了水流的畅通，使水流撞击或绕过这些障碍，产生湍流、波浪和声响。在园林项目中，常用的流水设计形式主要有溪流、水道、河流等。因高差产生的剧烈流水形态，如瀑布、跌水等，具有更加明显的特点。

河流、溪流发源于山区，受流域面积的制约。当流域面积较小时，河水水量也较小；河道短促、河床纵比降大，水流湍急。河流、溪流所处的自然地理不同，产生的效果也不相同，若是在山峦起伏、沟谷曲折、植被丛生、林草丰美的山地或丘陵地区的谷中，则给人以重峦叠嶂、溪流蜿蜒、深幽莫测的视觉，也能给人以树木参天、花草遍野、鸟语花香的感受。伴着溪水更令人领略到自然风光的无限美好。河流、溪流已成为园林建造的主要景观，具有溪流的山谷多成为造园的选址。

设计时需要的流水状态可以通过改变其相应的因素来得到预期效果。较为湍急的流水状态可以借助收窄河床、增加河床坡度、改变河床材料等方式来实现。这些因素改变了水流的顺畅程度，形成了波动较大的动态因素，从而产生了湍急的水流形态及水花声。流水形成的外在形态，如波浪形状、起伏程度等，可以根据设计需要而进行特殊考虑。

### 3. 湿地

湿地是地球上具有强大生态、环境与资源功能的独特自然综合体，国际上把湿地与海洋、森林并称为三大生态系统。湿地是地球上一种重要的、独特的、多功能的生态系统，它在全球生态平衡中扮演着极其重要的角色，有着“地球之肾”的美名。它是陆地、流水、静水、河口和海洋系统中各种沼生区域、湿生区域的总称。它不仅为人类提供大量食物、原料和水资源，而且在维持生态平衡、保持生物多样性和珍稀物种资源，以及涵养水源、蓄洪防旱、降解污染、调节气候、补充地下水、控制土壤侵蚀等方面均起着重要作用。（见图 3-64）

图 3-64　西溪湿地

除了生态功能之外，它的重要功能是提供审美、游览、休闲、学术探讨及宗教典礼之所，这是其他水体难以比拟的。例如，颐和园是中国规模最大的皇家园林湿地，园中首先划分出观景、政务、休憩和佛事四大功能区，在此基础上又划分为谐趣园等小景区，可谓美景缤纷。拙政园的湿地在规模上堪称苏州园中之冠，内分水景区、休憩区与会客区三个功能区。各区皆佳景荟萃，美轮美奂。小巧的园林湿地，如怀秀山庄，面积仅 666 平方米，也设计得精美绝伦，达到步换景异，尽显“细雨鱼儿跳，微风燕子斜”的效果。南昌滕王阁园林湿地则被王勃描绘为“落霞与孤鹜齐飞，秋水共长天一色”。人的审美、休闲、览胜都属于精神生活内容，思维、情绪得到优化调整，便能激发人的情怀及对诗词、绘画的创作激情。这就是园林湿地往往成为诗画圣地的重要原因，湿地也因此被称为“凝固的诗词”。它所独具的静谧环境常被选为讲学布道的世外桃“园”。

**4. 落水**

流水经过剧烈的高差变化地形，经重力作用自然下落而形成瀑布。瀑布因其出现在人视觉中的垂直界面上，能够产生动人的丰富景象，因而容易形成视觉焦点。常用的瀑布设计形式有自由落体瀑布、跌落瀑布和滑落瀑布三种。(见图 3-65)

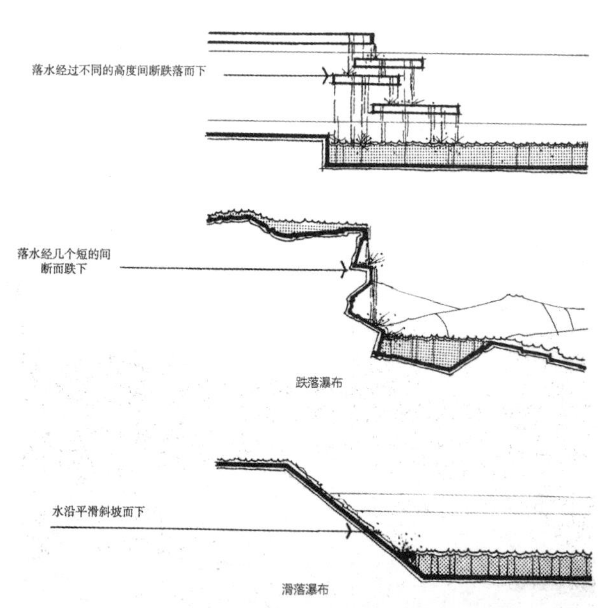


图 3-65　不同瀑布形式

自由落体瀑布是指水流经过重力作用从高处连续不断地落到低处，期间未受阻隔而形成的瀑布。该形态的瀑布落水点与降落点通常在一条垂直线上，或者落水点挑出。瀑布形态特点取决于水流速度、流量、高差等情况。瀑布受不同情形限制，能够获得种类多样的瀑布效果。在园林设计中的瀑布应用，既可以采用小尺度涓涓细流，也可以获得落水声轰鸣、极具视觉冲击力的效果。自由落体瀑布形态在设计时需要细致考虑，特别是水流出水口的位置、形状、材质等，这些因素的变化能够影响瀑布传递给人的整体视觉感受。光滑的出水口边缘能够将平面水流婉转地过渡到垂直面，能够形成完整、透明、无波澜的平整瀑布效果；而粗糙的、凹凸不平的出水口边缘能够分解、干扰水流，从而使瀑布形态富于变化。

在水流垂直落下后，与地面接触的方式也能够影响瀑布形态。当水流落下后撞击到坚硬的岩石，会产生四处飞溅的效果，并伴随有水花撞击声；如果水流落下撞击的是水面、灌木等软质材料，就不会产生水花，声音也会小很多。设计师要根据现场情况，合理设计流水瀑布的细节，根据需要进行深入思考。

跌落瀑布指的是水流经过重力作用向下流淌的过程中，受到垂直界面凸起的阻挡，逐层向下层叠跌落的瀑布形态。这种形态的瀑布通常在高低两处之间设置障碍物，使瀑布形态产生富有节奏感的变化，增加水流跌落时间，营造富有动感的水体形态。跌落瀑布能够产生更多的变化、更大的水声，比普通的瀑布更具形式感。通过控制水流速度、流量、阻隔形式等因素，能够创造出更多富有情趣、意味的视觉效果。跌落瀑布多以人工干预的形式出现，设计感极强。

滑落瀑布是指水流经过倾斜角度较大的坡面时产生的瀑布类型。这种瀑布形式与流水的区别在于水底坡度，坡度越大瀑布感越强，坡度越小流水感越强。对于少量的水从斜坡上流下，其观赏效果在于阳光照在其表面显示出的湿润和光的闪耀，水量过大时的情况就不同了。斜坡表面所使用的材料也影响着瀑布的表面。滑落瀑布可像一张平滑的纸，或形成扇形的图案，或细微的波纹。在瀑布斜坡的底部，由于瀑布冲击着静水，会产生涡流或水花。与上述两种瀑布类型比较，滑落瀑布给人的感觉更为缓和、舒缓，有助于在平静的空间中适度增加情趣。

现代园林人工创造的水体景物很多，例如现代园林中从自然瀑布发展而来的“水帘瀑布”，水帘从建筑的墙面落下，新颖而活泼。水景的秀美在现代园林中体现得非常充分，在园林设计中布置水景应尽可能顺应自然。

水墙适合于城市环境的变形瀑布叫作水墙瀑布，是由瀑布形成的墙面。通常先用泵将水引至墙体的顶部，而后，水沿墙形成连续的帘幕从上往下挂落，在垂面上产生的光声效果十分吸引人。（见图 3-66）

图 3-66　水墙

**5. 泉**

泉有两种含义：一是，含水层或含水通道与地面相交处产生地下水涌出地表的现象，其多分布于山谷和山麓，是地下水的一种重要排泄方式；二是，地下水的天然涌出。泉出露地表时，其形态各种各样，因表现形态和喷发形式不同，可分为喷泉、涌泉或溢出泉、间歇泉、爆炸泉和气泉等。（见图 3-67）

图 3-67　济南趵突泉

喷泉、涌泉或溢出泉是三种常见的泉水形式，它们是汇集的地下水沿地表薄弱处喷涌或溢出而成的。在岩浆岩或沉积岩地区、发生裂隙的岩石中可贮存地下水，当岩石的压力或地下热力使地下水涌出地表时，形成涌泉。山谷中，沉积岩的裂隙和层理间汇集有地下水。水体受表面物质和重力影响溢出岩层、形成溢出泉。在岩浆岩地区，发育裂隙的岩浆岩中可贮存地下水，当岩石的压力或地下热力使地下水溢出地表时，形成溢出泉。

## 3.4.3 水体造景设计原则

**1. 景观性原则**

水有较好的可塑性，在环境中的适应性很强，无论春夏秋冬均可自成一景。水体本身就具有优美的景观性，无色透明的水体可随天空、周围景色的改变而改变，展现出无穷的色彩；池底所选用的材料及其颜色，以及池水的深浅不同会直接影响观赏的效果，所产生的景观也会随之变化。水面可以平静而悄无声息，也可以在风等外力条件下变化异常，静时展现水体柔美、纯净的一面，动时发挥流动的特质。如与建筑物、石头、雕塑、植物、灯光照明或其他艺术品组合相搭配，会创造出更好的景观效果。

#### 2. 节水原则

在地球能源日益枯竭的时代，世界各地都出现严重的干旱，有些地区的生活用水都难以保证，所以节水性设计在现代显得尤为重要。在总体规划阶段，要从布局、选材等方面综合考虑节水问题。利用人工渠道、雨水回收、中水利用等多种方法，在规划时力求选择最优方案。有些项目中的景观湖，自身基本没有自洁能力，要保持湖水干净，就必须换水，而有效地运用雨水回收利用系统，就能较好地处理这一问题。采用雨水回收系统可节约水资源，减小城市给排水系统的需求压力，也可减少社区物业的水费。

#### 3. 经济原则

水景的设置一定要事先考虑其交付使用后的运营成本和维护费用，考虑业主所能承受的经济能力，避免只注重视觉的形式美，追求高档次、豪华，与自然背道而行，不顾工程的投资及日后的管理成本。不使陈设成为虚设的装饰品，避免造成不必要的资源浪费。应量力而行，做到水资源的可持续利用，这样既能节约成本，还能达到使人们热爱自然、亲近自然、欣赏自然的目的。

#### 4. 亲水性原则

由于人们天生亲水的特性，设计水景要从使用者的角度来考虑如何为游人提供观水、亲水、听水、戏水的休闲空间水景，来激发人们的思想感情，揭示人们的内心世界，让人得到艺术的感受与欢乐，从而引起共鸣。

#### 5. 安全性原则

安全性也是不容忽视的。要注意水电管线不能外漏，以免发生意外；水容易产生渗漏现象，所以要做好防水、防潮层，解决地面排水等问题；水景还要有良好的自动循环系统，这样才不会成为死水，从而避免视觉污染和环境污染；注意管线和设施的隐蔽性设计，如果显露在外，应与整体景观搭配；寒冷地区还要考虑结冰造成的问题；再有就是根据功能和景观的需求控制好水的深度。

#### 6. 艺术性原则

不同的水体形态表现不同的意境，设计时通过模拟自然水体形态，来创造“亭台楼阁、小桥流水、鸟语花香”的景观意境。如在阶梯形的石阶上，水泄流而下；在一定高度的山石上，瀑布而落；在一块假山石上，泉水喷涌而出等水景。另外，可以利用水面产生倒影。当水面波动时，会出现扭曲的倒影；当水面静止时则出现宁静的倒影，从而增加园景的层次感和景观构图艺术性。

## 3.5 构筑物

园林景观设计中的构筑物主要指的是具有实用功能、审美功能的三维实体内容，包括建筑、亭、台等。构筑物是园林设计立意、特殊功能需求、造景等设计所必不可少的内容。根据场地设计需要，合理安排构筑物的尺度、体量、造型、色彩等内容能够为整体设计方案提供更多审美景致，起到画龙点睛的作用。(见图 3-68)

地形、植物、水体要素是园林设计中的重要内容，但难以提供满足游人需要的特殊建筑空间功能。构筑物不仅包含着承载特殊功能的建筑组合，还包括踏跺(台阶)、坡道、墙、栅栏及公共休息设施。

图 3-68　狮子林中的小亭

图 3-69　韩国"花垫"

### 3.5.1 构筑物在园林景观设计中的作用

引导性景观构筑物在环境景观空间中，除具有自身的使用功能外，还有导向和组织空间关系的作用，就是把外界的景色组织起来，在环境景观空间中形成无形的纽带，引导人们由一个空间进入另一个空间，使景观能在各个角度都有完美的表现。

功能性景观构筑物（如桌凳、地坪、踏步、标示牌、灯具等功能作用较明显的小构筑物）可以为游赏景观环境的人提供遮风挡雨、休息停留等功能，根据不同的人群或人们不同心理特征营造适合其居住和游览的景观氛围，如休息坐凳可以多样化，以适应不同的人群使用。

艺术性景观构筑物作为艺术品，它本身具有审美价值，本身就是环境景观中的一景，运用构筑物对空间进行美的加工，是提高景观艺术价值的一个重要手段，运用小构筑物的装饰性能够提高景观的观赏价值，满足人们的审美要求，给人以艺术的美感与享受。（见图 3-69）

### 3.5.2 构筑物的组成

构筑物由园林景观环境中的配套建筑、景观小品组成。园林建筑相关内容涵盖广泛，涉及问题较多，如空间围合、尺度、风格等问题，读者可查阅更为系统、专业的建筑书籍，在此不展开介绍。本节将围绕景观小品进行讲解。

景观小品作为艺术性景观构筑物，有着实用与审美的双重价值，由于其本身具有色彩、质感、肌理、尺度、形态等特点，因此其具备成为环境中景致的条件。

景观小品可以划分为景观服务性小品（见图 3-70）与景观娱乐性小品（见图 3-71）。

图 3-70　景观服务性小品

#### 1. 景观服务性小品

景观服务性小品是指在园林景观中提供某种特殊实用功能且具备较好景观形式的构筑物。例如：服务性设施——饮水设备、停车场、指示牌、卫生间等，安全保障设施——矮墙、护栏、花墙等，环境卫生设施——废物箱、垃圾箱等。除此之外，能

图 3-71　景观娱乐性小品

够供游人休息的各种造型的公共座椅、廊架、太阳伞等也可以成为局部空间中的小品点缀。常结合环境，用自然块石或用混凝土做成仿石、仿树墩的凳、桌等；或利用花坛、花台边缘的矮墙和地下通气孔道来做椅、凳等；围绕大树基部设椅凳等。

### 2. 景观娱乐性小品

现代城市公园中的园林小品形式多种多样，所用的构造材料也有所不同，很多园林小品设计时全面地考虑了周围环境、文化传统、城市景观等因素。

现代园林设计中采用的景观小品形式繁多，配合以不同的材质，在不同的场地环境中起着特殊的作用。景观小品的设置有时需要成为视觉焦点，吸引游人视线，例如雕塑、装置艺术等；有时则侧重实用功能，不强调外在形式，小品设置需要与环境融为一体，例如音响装置。音频设施通常运用于公园或风景区当中，起讲解、通知、播放音乐以营造特殊的景观氛围等作用。音频设施造型通常精巧而隐蔽，多用仿石块或植物的造型安设于路边或植物群落当中，以求跟周围的景观特征充分融合，让人闻其声而不见其踪，产生梦幻般的游园享受。

## 3.5.3 构筑物设计要点

构筑物设计时不但要考虑审美需求，还要满足特定的功能需求，不同构筑物有着差异性较大的设计要求或设计经验总结，需要设计师在前辈积累的经验的基础上再发挥自己的创造性，而不要因为细节失误导致设计整体受到影响。下面将对部分构筑物的设计要点进行总结，但这些内容并非全部，更多的设计要点还需要设计师在实际应用中逐步总结。

### 1. 台阶

台阶在园林中主要满足游人的通行需要而设置，与园林道路的坡度有着密不可分的联系。（见图 3-72）

图 3-72　台阶设置

在园林道路设置中，满足游人通行的道路并非总在一个水平面上，道路有时随着地形起伏产生一定的坡度。带有轻微坡度的道路能够保障游人观赏的连续性，能够对游赏过程形成整体的印象，但是，当道路坡度角度过大时，游人在游赏过程中会因为过陡的坡度产生疲劳感，从而游赏心境受到影响。此外，在引导游人从低处向高处移动时，一段平缓的坡道能够提升游人垂直高差非常有限，而要获得想要的位置提升，必然需要延长坡道的长度，这就产生了矛盾，即场地条件不允许过长的道路。这两种情况通常需要设置台阶来解决：①当道路坡面与水平面夹角超过 12°时，必须设置台阶；②在有限的平面空间内需要引导游人提升较大垂直位置，可借助台阶来提升。

台阶设置也有自身无法避免的弊端，需要设计师综合考虑后进行取舍。台阶通过设置踏步的形式来引导游人，满足交通需要，而台阶的设置又阻挡了自行车、童车、轮椅等带轮交通工具的使用。台阶设置一定要建立在对交通体系的系统分析基础上，否则必然会影响出行方式不同的游人使用。无障碍设计在园林设计理念中早已普及多年，如常见的设置残疾人坡道。如何在保障一般游人游赏的同时，满足特殊群体的需求，也是考量设计师能力的重要因素。（见图 3-73）

图 3-73 创意无障碍设计

台阶的设置需要考虑多方面的工程设计内容，在保障安全通行的前提下，赋予融合环境的形式美感，如色彩、质感、分隔等。特别需要强调的是，户外活动难免遇到雨雪天气，而作为游人动态转折的节点，台阶材质的选择需要考虑到相关特殊天气情况，尽可能选用防滑效果出众的材料。在冬季雨雪天气较多的北方地区，一些为强调形式感、高耸感、烘托氛围而设置的又长又宽的台阶，因其缺乏有效的游人防护栏杆，而存在安全隐患，可以根据情况进行临时关闭处理。

台阶设计需要考虑人行走时的行为动态，保证行人行走的舒适性、便捷性。游人在台阶行走时会逐渐习惯性地默认台阶踏步的高度一致性，因此在园林设计整体项目中，同级别道路台阶的设置，每踏步台阶高度应尽量保持一致，避免因为台阶踏步高度变化让游人产生磕绊。台阶设计需要注意台阶踏面与台阶高度两方面的要求。台阶踏面是容纳游客脚踩的位置，台阶高度是踏面之间的垂直距离，也就是人抬腿的高度。通常采用的计算方式为“踏面尺寸＋2×高度＝66 cm”。例如：台阶高度为 12 cm，踏面尺寸为 66 cm－2×12 cm＝42 cm；台阶高度为 15 cm，踏面尺寸为 66 cm－2×15 cm＝36 cm。常用台阶高度一般为 10～16.5 cm，尺寸过小容易让游人忽略而产生磕绊，尺寸过大则会使游人行走不便。此外，在台阶设计时，需要考虑尺度问题。通常，户外空间比室内空间尺度更大、更开阔，台阶设计的尺寸应该大于室内台阶的尺寸，否则容易产生局促感。当然，也应结合具体的情况，因地制宜。

台阶设计除了细心设计踏步的比例关系，还需要考虑整体性，如台阶踏步组合的数量也需要慎重考虑。通常，台阶最少设置两踏，只有一踏的台阶容易让游人忽略而造成危险。特殊的情况要将台阶材质进行明确区分，吸引游人注意台阶变化。台阶踏步数量较多时，需要设计休息平台。通常，带扶手的台阶垂直距离提升超过 1.8 m，就需要设计休息平台；无扶手的台阶垂直距离提升 1.2 m，就需要设计缓冲平台。（见图 3-74）

### 2. 隔墙

隔墙在园林中起到分隔空间的作用，因采用石块、砖、水泥、木方等建造，有着明确的边界，在视觉空间中产生垂直界面的硬性阻隔，是园林设计塑造空间的重要元素，在不同种类的设计风格中都能够以不同形式出现。隔墙从功能与审美的角度来划分，有挡墙与景墙两种。（见图 3-75 和图 3-76）

挡墙作为功能性隔墙，主要为了满足特殊需求而应用。例如，在凸地形中设置穿行道路，需要开

图 3-74　台阶

图 3-75　挡墙

图 3-76　景墙

凿凸地形部分土方，道路两侧就需要设置挡土墙来确保行人安全；为了丰富河床景观效果，采用挡墙的方式来改变水体形态，借助水体倒影形成丰富的景观效果。挡墙的设置出发点虽然是满足特定功能，但也不能忽略其外在形态，要根据场地环境氛围采用相应的形式、材质、色彩。

景墙，顾名思义，能够具有景观效果的隔墙。景墙之所以可以脱离其他园林要素单独使用，是因为其自身具备成为视觉焦点的种种特性。例如，故宫的九龙壁、苏州博物馆的隔墙等。

隔墙在园林设计中的作用不可忽视，其中，重要的应用之一就是分隔、制约空间。景墙、挡墙的合理利用能够限制人的视域，也能够对场地空间产生限定作用。高度不同、形式有别、材质变化等因素，都能够对景墙在空间中产生的效果产生影响。一般而言，隔墙高度越高，对空间产生的限定效果越强烈，空间也就越封闭；围合空间的隔墙数量越多，对空间的限定效果越强烈。通常，与人等高的隔墙就能够阻隔视线，从而对空间产生限定，而园林设计中经常采用半高隔墙来限定空间，而不是分隔空间，这样可增强空间的变化。与地形围合、植物隔离所产生的空间感不同，隔墙产生的空间感清晰，具有坚硬、轮廓分明的特点，具有非常强烈的稳定性。

隔墙还常被用来遮挡视线。隔墙遮挡视线的方式在中国传统园林中应用非常广泛，常见的透景都是采用隔墙来实现的。隔墙遮挡视线有全遮蔽与局部遮蔽两种，起到的效果也有差别。全部遮蔽的隔墙通常用来引导视线，为后续景观效果做铺垫，避免空间层次单调；而部分遮蔽的隔墙通常能够营造“犹抱琵琶半遮面”的意境，吸引人的注意，同时营造较好的景致。局部遮蔽可采用实墙局部通透的方式，也可采用栅栏等半通透的隔断方式，设计师可以根据需要自行选择。

隔墙还能够对微气候调节产生影响。设计师可以根据场地需要，利用隔墙调节环境中的光线、风等气象。在中国园林中，场地设计通常会借助隔墙、植被及地形在西、北等界面来阻挡冬季冷风。建筑西、北两侧也通常安排隔墙、植物来阻挡冬季冷风，以及在夏季减少西晒。

# 现代园林设计表达

XIANDAI YUANLIN SHEJI BIAODA

现代园林设计是在调研的基础上不断发现问题、解决问题的设计过程。对园林设计场所进行客观、全面、综合的调查与分析，进而梳理各个要素之间的联系与区别，通过富有创意的问题解决方式导入，利用设计手法最终协调处理各种因素以完成设计才是正确的设计思维路线。在设计的不同阶段，设计师要解决的问题并不相同，存在主次矛盾问题的差别，这就导致设计表达时出现侧重点不同的情况。比如，在构思阶段中，设计表达主要体现设计师对场地的理解、各要素的关系、概念构思、修改变动等，这一环节主要考虑的是系统性的大问题，对细节关注较少（见图 4-1）。这种绘图形式是将设计师的宏观思维记录下来，并通过图示的方式表现出来，方便设计师对宏观思路进行比较、研究、修改。而在整体思路确定后，需要对竖向、平面形态等进一步深化时，绘图需要关注尺寸、面积等细节问题，设计表达也会相应采用较为清晰、丰富的技法。而在诸多问题得到妥善解决后，需要绘制完整的场所景观效果图，这就需要进行细致的表现，将细节绘制出来，通过可见的形式表现设计内涵。（见图 4-2）

园林设计是一个解决问题的过程，同一问题可能存在多种解决方法，而最优解决方法的选择需要借助图示表达的方式呈现出来，设计师将思维活动反映在纸面上，从而让大脑有空余的精力对解决方法进行横向比较。将园林设计思考内容转化成图示思维与设计阶段密不可分，具体表现方式也呈现出较大差别。下面主要围绕设计过程的不同阶段为园林设计初学者提供设计表达方面的参考。

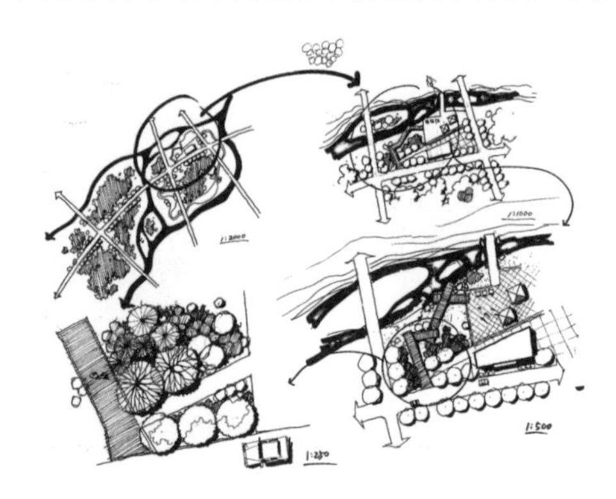

图 4-1　构思草图（副本）

图 4-2　日照御青茶园节点方案

## 4.1 草图设计表达

草图表现通常用在园林设计方案初期的构思阶段，能够将设计师较为宏观的想法记录下来。草图内容主包括要划分空间布局、设置交通流线、功能分区、周边环境因素考虑等。草图阶段的设计表达并不意味着潦草、草率，在绘制之前，设计师要对场地整体尺度有明确掌握。（见图 4-3）

在设计构思阶段，设计师必须掌握常用的草图符号来表现相应的设计思考，否则，杂乱的图示符号不仅无法辅助设计师展开下一步的比较、分析，而且易干扰，甚至扭曲富有创意的构思。（见图 4-4）

### 1. 用来表现场地、区域、面积等内容的草图符号

这些具有一定面积的范围可以代表游人活动

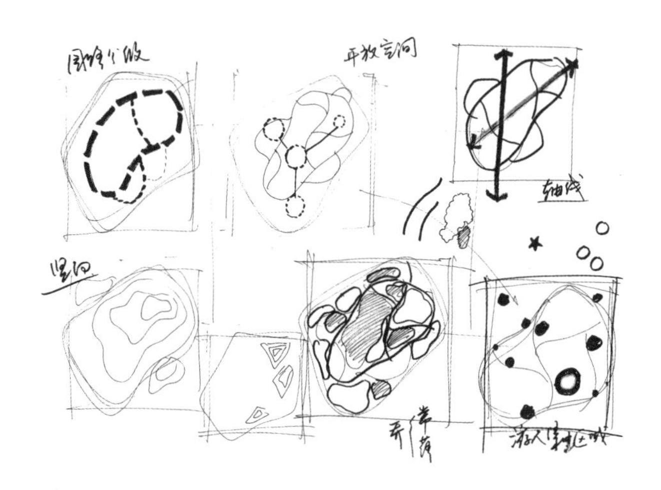

图 4-3　各种设计要素的分析(副本)

图 4-4　草图设计符号

的开阔场地，可以代表停车场、水体，也可以代表具备统一性的景观范围。(见图 4-5)

需要特别注意尺度问题。草图设计阶段，用来表现面积的符号并非随手画出的符号。虽然草图不需要具体的尺寸，但是在此阶段，设计师必须根据场地整体尺寸，预先估计出要画出的广场、水体等的尺寸，否则，在后续深化设计过程中，极容易出现尺度失调的问题。

### 2. 用来表现交通流线、运动轨迹的草图符号

这种线性的符号通常用于表现抽象行为、动态轨迹，而不用于表现客观实体景物。概念设计阶段的表现不仅包含着对场地形态、功能的思考，也包含着场地、区域、功能之间的联系。这种相互关系能够将设计师对空间之间联系的思考表现出来，便于后续修改、完善。该草图符号常用来区分汽车、

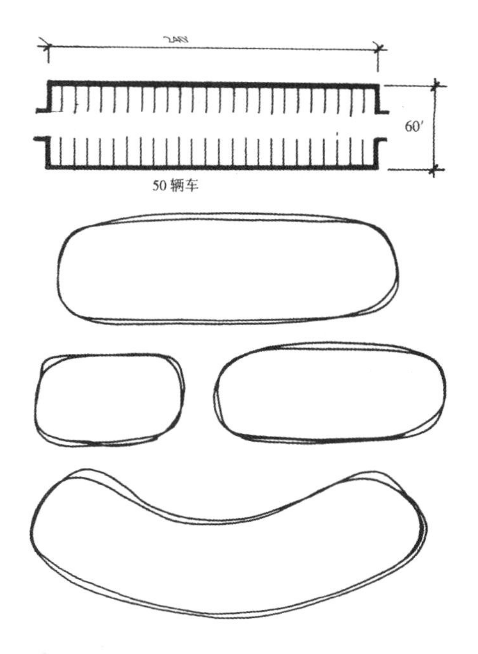


图 4-5　用来表现场地、区域、面积等内容的草图符号

行人、特殊路线、视线等内容，如果在同一草图中表现种类过多，则可以借助不同颜色的绘图笔来进行区分。需要特别注意绘制线的长度与场地尺度的关系，同一场地内，箭头符号越长，表现的道路越长。(见图 4-6)

### 3. 用来表现视觉焦点的草图符号

园林设计中有很多重要场所或视觉要素，用星形符号表达来辅助设计师关注重要的景观节点，甚至空间序列。符号大小决定着设置景观节点的重要程度。(见图 4-7)

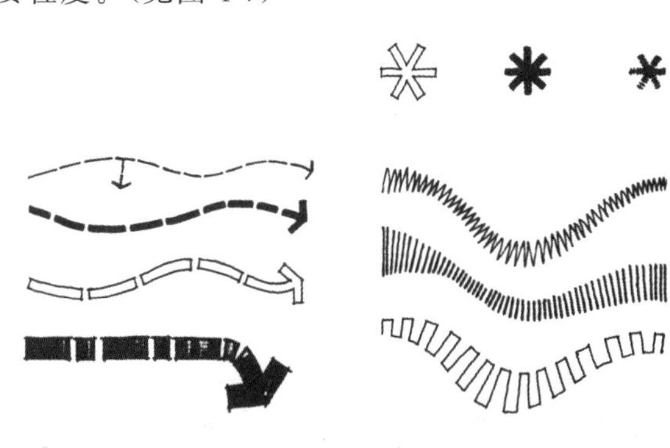

图 4-6　用来表现交通流线、运动轨迹的草图符号

图 4-7　用来表现视觉焦点的草图符号

#### 4. 用来表现空间隔断、分隔的草图符号

园林设计中存在复杂多变的空间设计，为方便设计师灵活地表现空间，采用折线的符号来表现空间分割。园林设计初学者需要知道，平面图中绘制的折线分隔无法表现竖向高度，需要借助文字等方式进行额外标注。折线可以表现硬质景观所形成的分隔，也可以表现低矮灌木所形成的具有通透感的分隔。

## 4.2 效果图设计表达

效果图表现是指设计师将平面图构思转化为三维画面，它是检验设计效果的较为直接的方式，是设计过程中记录设计概念的有效手段。用于记录设计构思的效果图通常能体现出设计师自身的绘图习惯，不同设计师绘制的效果图在细节表现方面存在差异。另外，效果图设计表达也是研究生考试的重要考点，能否完美地表达设计构思决定着最终成绩。因此，效果图表现无论是在园林设计中还是在学习能力测试中，都是个人设计能力的重要体现。本节重点围绕效果图设计表达中的关键性问题进行讲解。（见图 4-8）

效果图设计表达要重视图面效果。一件作品要想获得足够的关注，必须以其外在的表现形式吸引人的注意，才能达到被关注的目的。园林设计也是如此，如果仅仅停留在纸面上，就必须将效果图表现出来才能够打动人。另外，画面效果能够辅助观看者理解方案。对一个设计方案的理解，要靠平面图、立面图、剖面图等综合图纸内容的基础上，配合效果图表达，更让人产生一个整体印象。效果图表现一定程度上能够体现设计师的设计素质和修养。设计师要提高园林设计效果图的图面效果，需要在构图、运笔、设色、配景等方面表现到位。（见图 4-9）

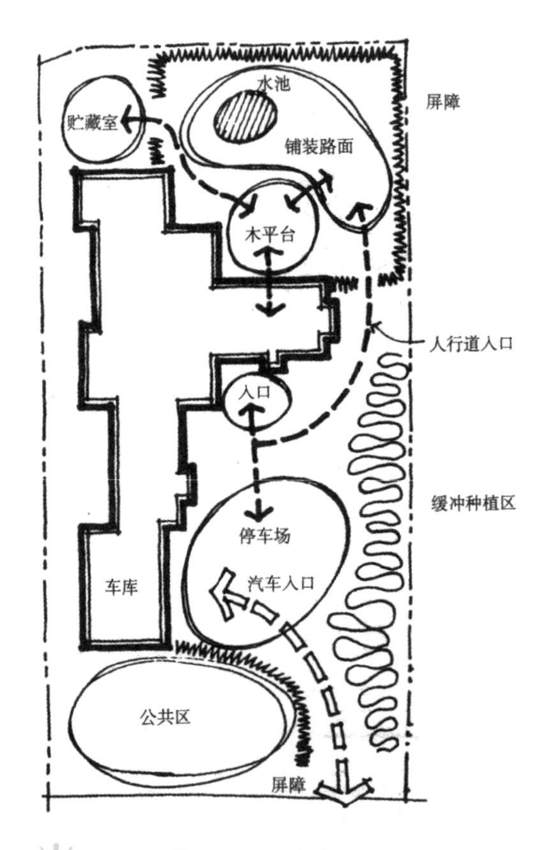


图 4-8　效果图设计表达

### 4.2.1 园林设计透视快速画法

在园林设计效果图表达中，常见的问题就是透视问题，透视不准确导致画面尺度失衡，进而导致设计效果无法体现，究其原因：一方面是因为教材中对透视的讲解多集中在室内透视技法方面，而对室外环境透视技巧的讲解较少，或者室外透视技巧讲解过于概括，初学者难以将各步骤衔接起来；另一方面是练习过少。熟练程度决定着效果图表现的丰富程度。

一点透视、二点透视快速绘图技巧是基于人视线平直向前观察的方式获得视觉图像。通俗来讲，指的是人穿过透明的平面来观察景物，人观察景物

图 4-9　EDSA 北京河北石家庄春江花月小区景观设计手绘效果图

视线与透明的平面相交,透明平面上的视线轨迹就是我们要绘制的效果图线稿。(见图 4-10)

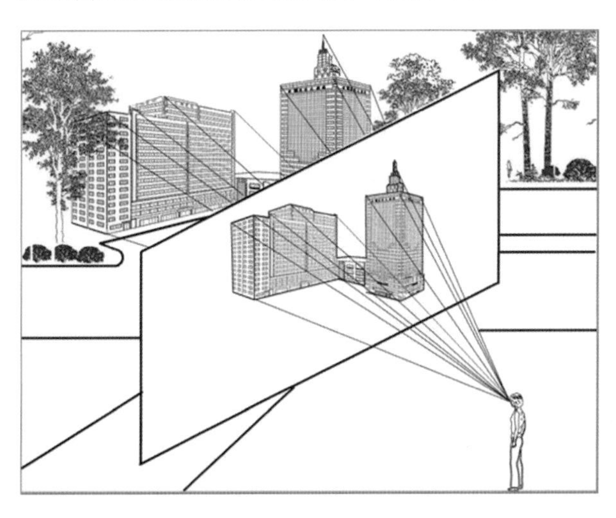

图 4-10　透视原理图

### 1. 一点透视

一点透视称为平行透视,当物体垂直于画面的直线消灭于视平线的一个点,就称为一点透视。假设成人视点高度为 1.75 m,根据人体工程学中的视觉原理知道人平视的清晰视域为上下约 28°,最大视域约 60°,超出该角度范围的景物难以形成清晰视觉感受。从图 4-11 中可以看出,视域最下端与地面相交。需要注意,该相交处到人所站立的位置,这段距离在人平视时是无法看清的、无法关注的。园林设计一点透视绘制的内容是距离人一定距离之外的景观,也就是人平视时能够观察到的最近距离为视点高度的 4 倍。(见图 4-12)

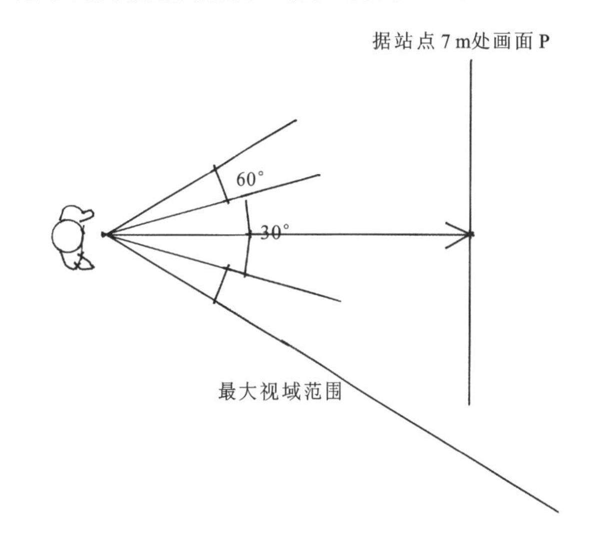


图 4-11　视域范围平面示意图

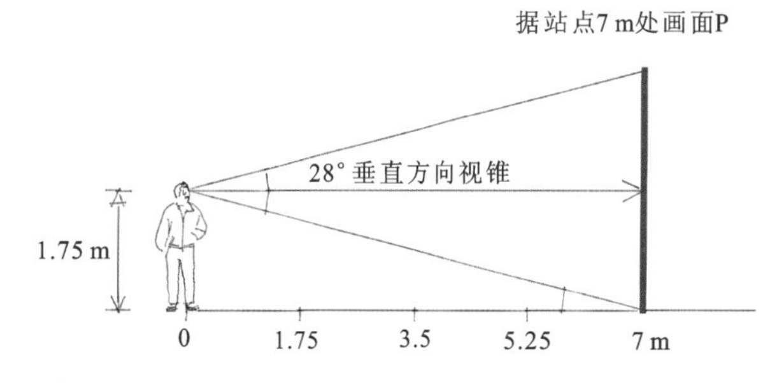


图 4-12　平视时的画面位置

根据透视定义可以知道,透视是人眼睛穿过透明平面观察物体,视线在透明平面上的印记就是我们需要的图像。其中,透明的平面称为画面,一般用字母 P 代表;画面与地面的交界线称为基线,用字母 GL 表示。在园林设计一点透视快速绘制技巧中,非常重要的一点是将画面放置于上文提到的最小观察距离处[可以简称为 GL(7)],我们就能够

利用数学原理来绘制透视网格体系。(见图 4-13)

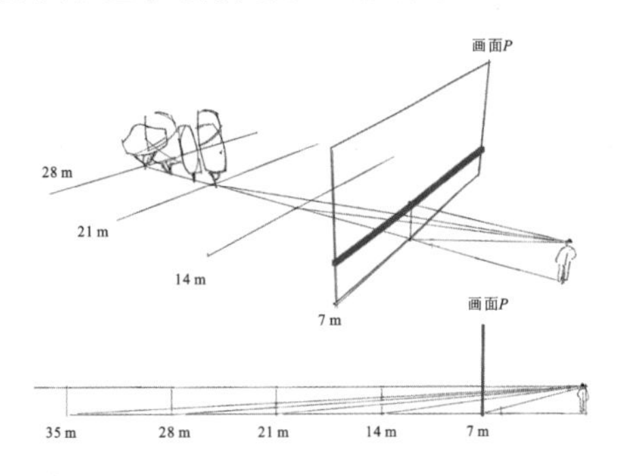


图 4-13 快速透视画法原理图

沿着画面基线 GL(7),向景物方向复制基线,距离同样为 7 m,可以称为 GL(14);利用同样的方式,获得 GL(21)、GL(28)、GL(35)、GL(42)等平行于基线、间距 7 m 的地面水平线。这种等距的平行线与视点相连接后,在画面 P 上能够形成长短不一的线段,而根据数学原理,这些线段是具有内在等比关系的。园林设计一点透视快速画法将利用这种内在关联,转化为较容易的图形方法,方便读者使用。具体方法如下。

第一步:绘制正方形 *ABCD*,边长等于视高 1.75 m。读者可根据需要自行确定图上尺寸,通常 A3 绘图纸中,正方形边长为 10 cm。线段 *AB* 与视平线重合,也可以标注为 HL。线段 *DC* 为基线 GL,人平视时的最近观察距离。根据前文原理,我们知道 *DC* 所代表的是离人站立位置 4 倍视高的位置(1.75 m/tan14°=7 m;1.75 m×4 =7 m),也就是 7 m,标注为 GL(7)。可以理解正方形 *ABCD* 为画面 P 的局部。(见图 4-14)

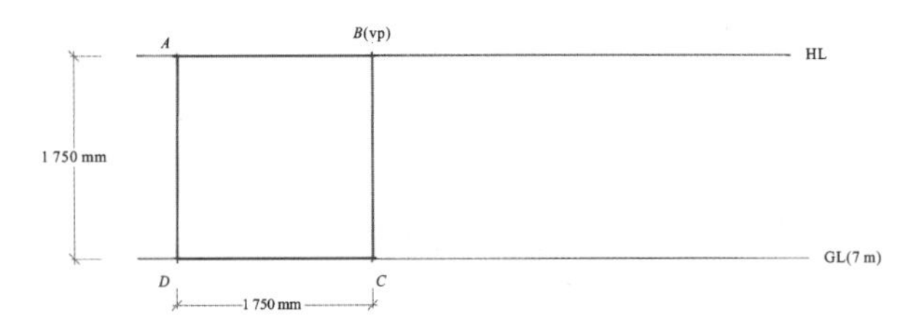


图 4-14 一点透视步骤(1)

第二步:连接正方形对角线 *AC*、*BD*,以它们的交点为起点,向左作平行于 *DC* 的直线,与 *AD* 相交于 *E* 点;再从 *E* 点向右画平行于 GL(7)的横线。根据数学原理,这条线在空间中代表了平行于 GL(7)且距离人站立位置 14 m 的线,可以简称为 GL(14)。(见图 4-15)

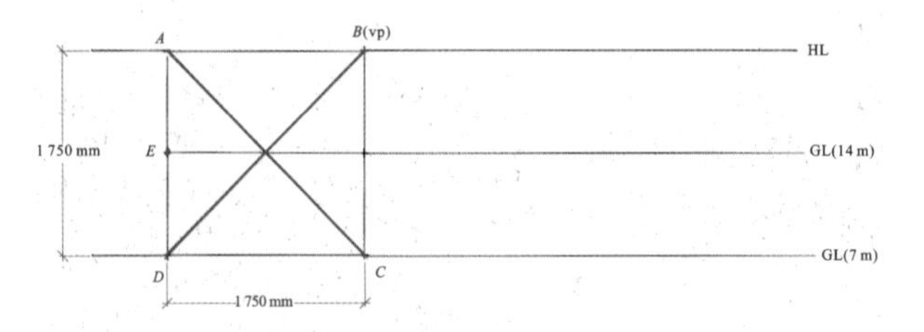


图 4-15 一点透视步骤(2)

第三步:连接 *BE*,与 *AC* 产生交点。以该交点为起点,向左作平行于 *DC* 的直线,与 *AD* 相交于 *F* 点;再从 *F* 点向右画出平行于 GL(7)的横线。根据数学原理,这条线在空间中代表了平行于 GL(7)且距离人站立位置 21 m 的线,可以简称为 GL(21)。(见图 4-16)

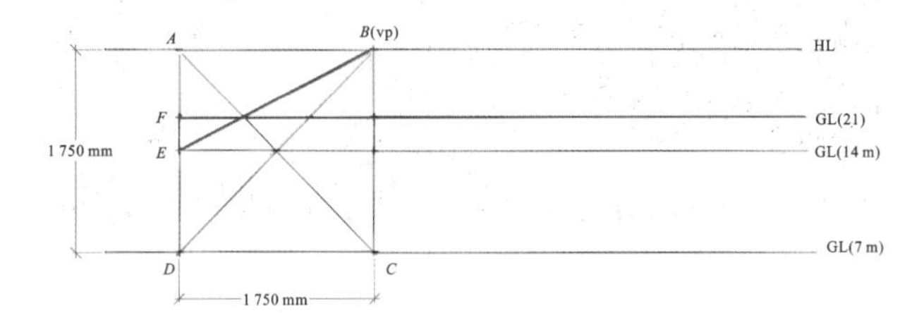


图 4-16 一点透视步骤(3)

第四步:根据上述绘图方法,分别得到 *BE*、*BF*、*BG*、*BH* 等线段,在 *AD* 上产生了 *E*、*F*、*G*、*H* 点,分别代表了距离人站立位置 7 m、14 m、21 m、28 m 的水平线。(见图 4-17)

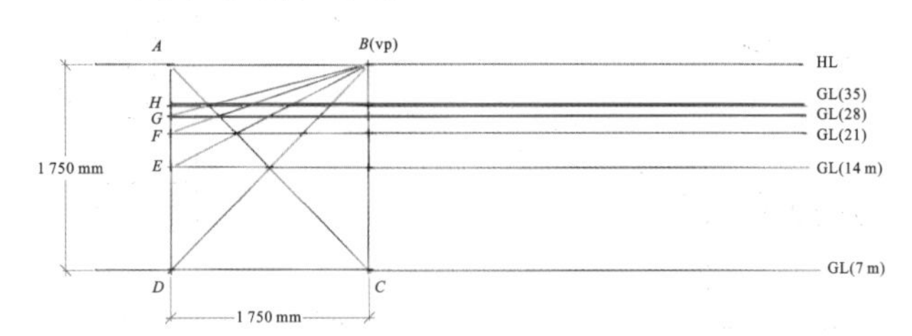


图 4-17 一点透视步骤(4)

第五步:以 *C* 为起点,*DC* 为距离,向右确定 *D*′,连接 *OD*′。这样来扩展右侧的网状分隔线,形成空间分割,直至地面网格绘制完整。(见图 4-18)

第六步:该网格是一个 1.75 m,纵深 7 m 的矩形,如果需要继续拆分纵深,需要在每一个方格中做对角线,确定中心位置后,做水平线,获得 1.75 m×

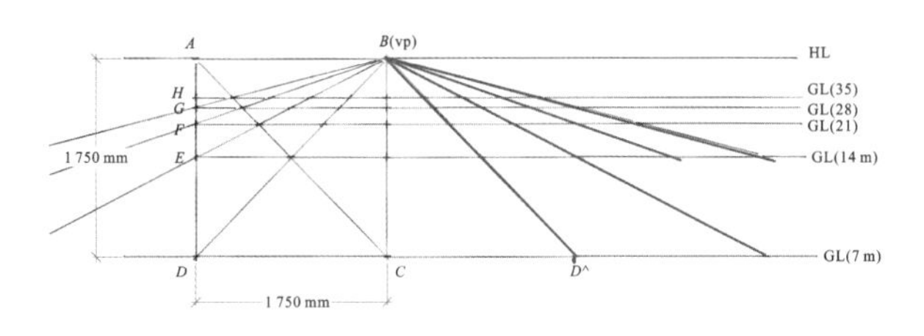


图 4-18　一点透视步骤(5)

3 m的方格；也可以继续细分至 1.75 m×1.75 m 的方格。(见图 4-19)

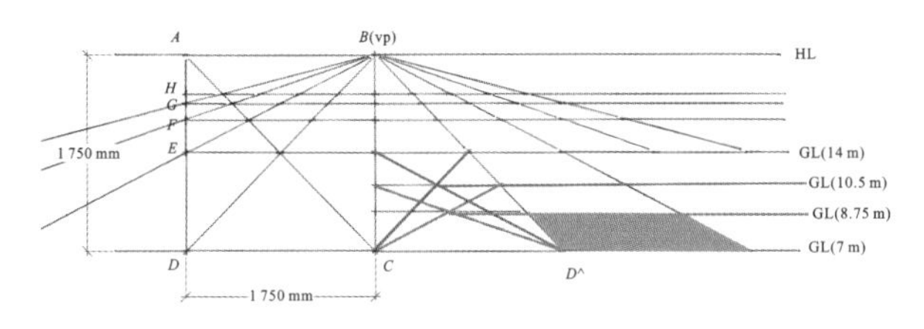


图 4-19　一点透视步骤(6)

上述步骤详细讲解了如何利用正方形的几何原理来绘制园林地面网格，在实际运用中，还需要读者注意以下几个方面。

通过完成的手绘稿可以看出，最开始绘制的正方形位于画面的左下角处，大约占据 1/4 的面积。这就需要读者在应用此方法时，留意正方形在图纸上的位置安排，避免出现偏移。另外，正方形的绘制尺寸不宜过大，以普通人为视角的一点透视中，人的尺度在绘图中并非主要绘制对象。

在一个空间中建立了网格系统之后，让学生再往里面放置平面布局，绘制相应的设计方案会容易很多。此方法是较为快速建立网格系统的一种方法。

需要特别强调的是在此网格系统中高度的确定方式，此种方式是以普通人视点高度确定的体系，因此，高度的确定可以参照所处位置人的高度来绘制，如图 4-20 所示。

一点透视网格系统建立后，需要根据方案平面图在网格系统中绘制平面布局，然后再赋予竖向高度，将景观立起来。

### 2. 二点透视

二点透视也称成角透视，物体平面与画面成一定的角度，它有左右两个灭点。二点透视绘制比一点透视更为复杂，因此，实际操作过程中，二点透视通常凭借个人主观判断，易导致透视不准确的效果图表现。绘图者如果缺乏透视基本规律及绘图经验，应该摒弃这种凭感觉绘图的方式。本节中关于二点透视的讲解尝试为初学者提供一种快速且准确的方法，能够方便绘图者掌握基本的二点透视表现，所讲内容涉及透视中“量点法”的技巧，这是室内空间二点透视常用画法，读者可查阅相关知识。

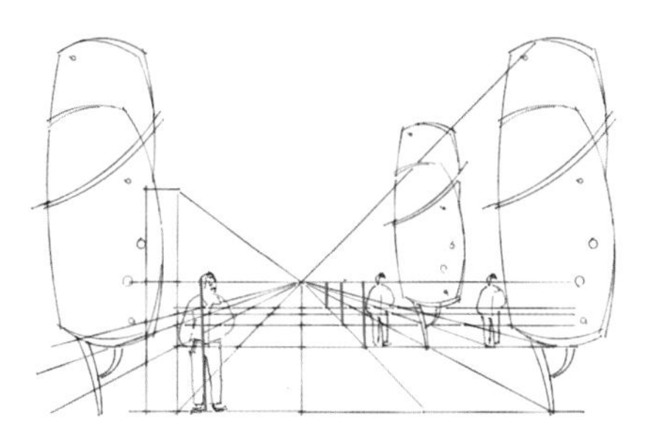

任意位置高度参照所处位置到视平线的距离为1.75 m

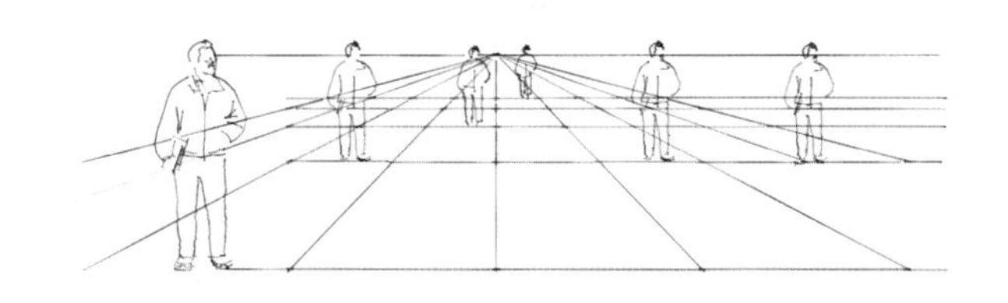

图 4-20　高度确定

根据一点透视内容，二点透视仍然沿用常规视高 1.75 m，画面位置距离人站立位置 7 m。下面将以 3.5 m 的正方形在空间中的透视为例展开讲解，详细步骤如下。

第一步：画出地面线与视平线；根据构图选取与视点重合的中心线 $CV$ 并将 $CV$ 线段分成 10 等分(见图 4-21)。

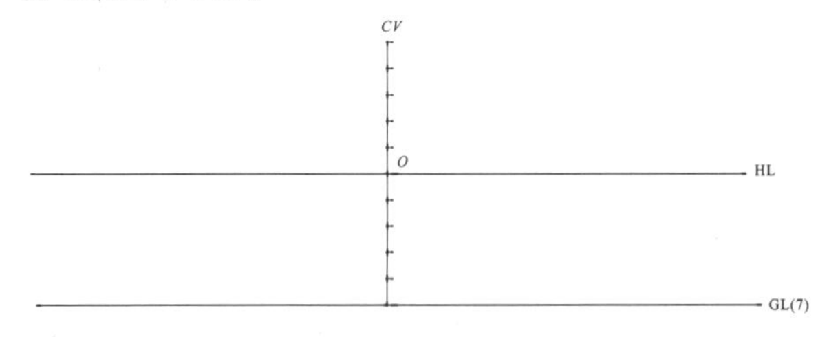


图 4-21　将 $CV$ 分成 10 等分

第二步：用 60°三角板在视平线与地面线之间画出若干条 60°斜线。确定出右侧灭点(RVP)位置；找到右侧辅助线 $L$；将右侧辅助线设定为与中心线 CV 等长，并额外向两侧延长两个单位（见图 4-22）；将延伸后的七个单位重新划分为 5 等分（见图 4-23）。

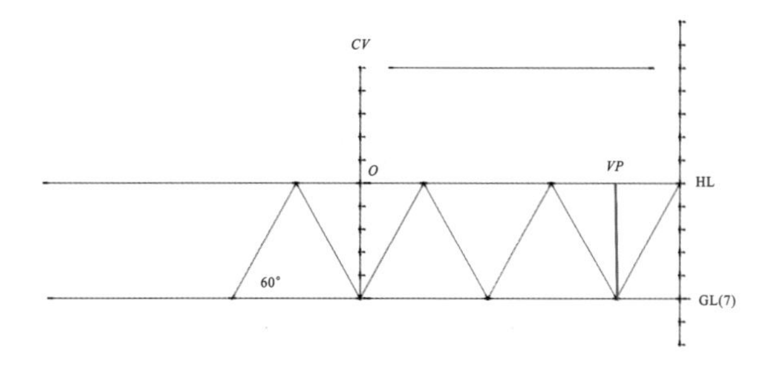


图 4-22　向两侧延长两个单位

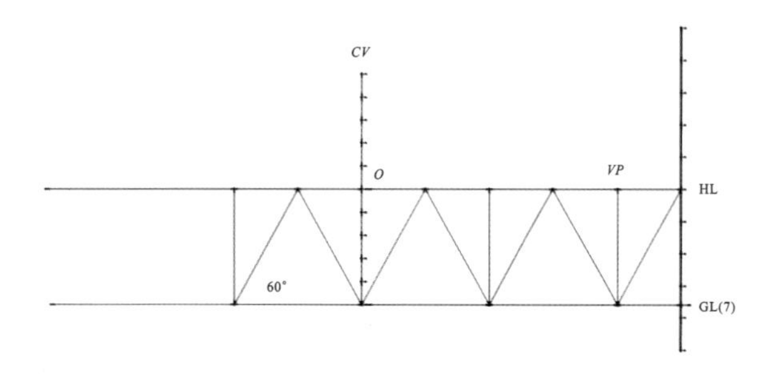


图 4-23　将延伸后的七个单位重新划分为 5 等分

第三步：将中心线 *CV* 上的最低点与右侧辅助线上的最低点连接起来并向两侧延伸，如图 4-24 所示。根据一点透视学习内容，这条线可以看作为 GL(7)。将中心线 *CV* 视平线以下距离的中点与右侧辅助线视平线下部分的中点连接起来并双向延长，这条线为 GL(14)。（见图 4-25）

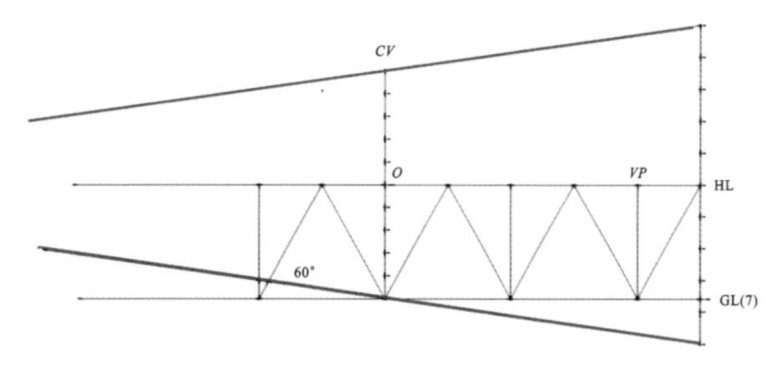


图 4-24　作 GL(7)

第四步：连接中心线 *CV* 最低点 *O* 与右侧灭点（RVP），与 GL(14) 产生焦点 *E*。过 *E* 点作垂直线，与视平线相较于 *F* 点；连接中心线 *CV* 与 *F* 点并延长，与 *O* 处透视线相交于 *G* 点；GL(21) 必然经过 *G* 点，这里需要绘图者参考 GL(7)、GL(14) 透视

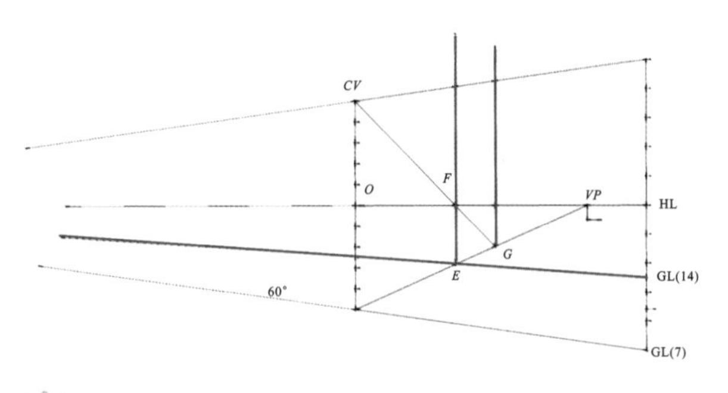


图 4-25　作 GL(14)

线的倾斜趋势完成 G(21) 的透视线绘制。同理绘制(28)（见图 4-26）。

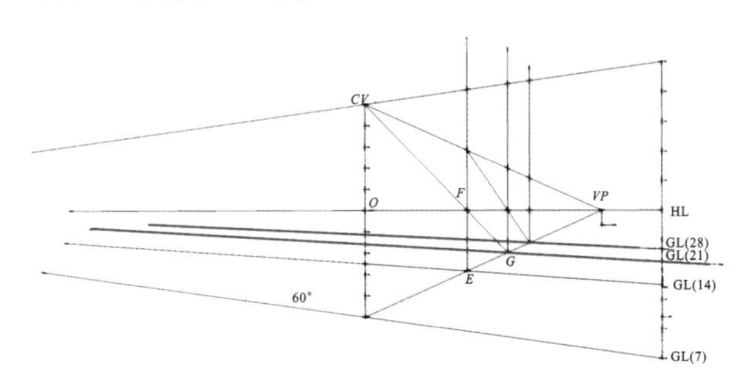


图 4-26　绘制 GL(28)

第五步：经过 *CV* 上的最低点，作水平线段 *OR*，使 *OR* 尺寸等于 *CV* 尺寸，也就是 3.5 m，连接 *R* 与右侧灭点（RVP）。采用同样的方法，完成右侧透视线组。这样一来，地面上就形成了 3.5 m×7 m 的方形网格系统。（见图 4-27）

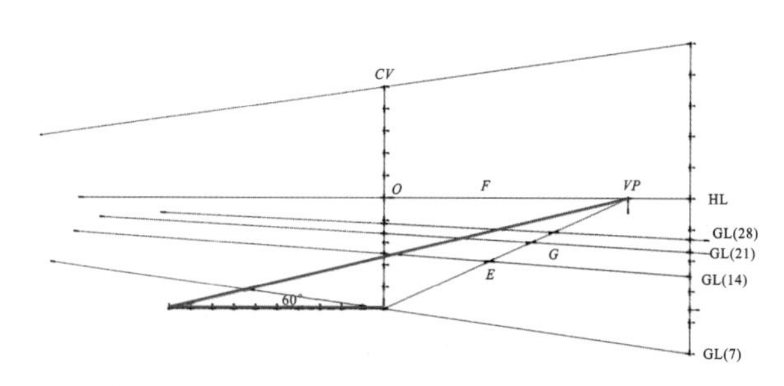


图 4-27　形成网格系统

第六步：二点透视垂直高度的确定依然延续了一点透视中的技巧，平地上成人的眼睛一定在视平线上，所以，任意位置的地面线到视平线都相当于该位置 1.75 m 高，根据上述条件再结合透视规律，就能够又快又好地画好透视图（见图 4-28、图 4-29）。

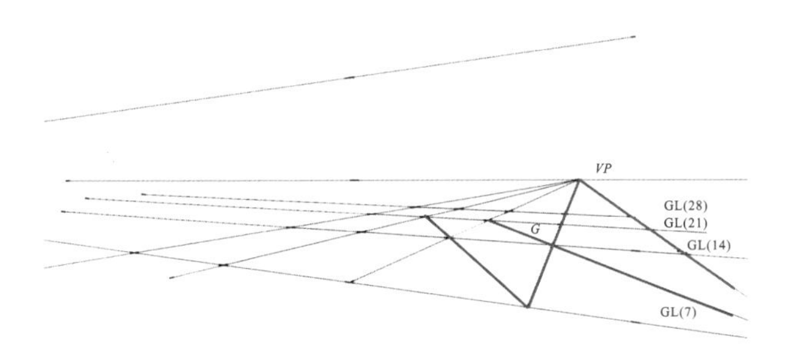


图 4-28　透视图 1

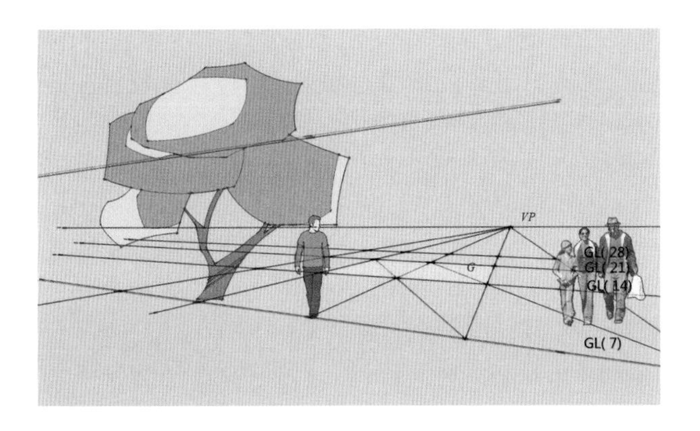


图 4-29　透视图 2

## 4.2.2 园林效果图表现

园林效果图表现主要有钢笔淡彩、彩色铅笔表现、马克笔表现等方法，这些都具有绘图时间短、表现效果强烈的特点；而用水彩画等其他形式，能够使效果图表现具备一定的艺术美感，但往往耗时较长，且需要具备深厚的绘图功底。下面着重对效果图快速绘制过程的主要问题进行有针对性的讲解。

### 1. 线

园林设计效果图呈现主要依靠线条来表现。单纯的线条本身并不存在意义，只有将线条组合之后，形成一定的“形”才具有价值。通过线条来表现园林设计要素，不但要注重结构，而且要能够传达园林方案的美感。线条表现园林内容时，因绘图者的基本功、技术上的差异会影响到整个效果图的表现效果。

线稿表现园林设计方案要注重结构，能够清晰、准确地传达方案内容最为重要；能够在准确、清晰传达信息的同时，通过熟练的绘图技巧来传达园林设计的优美意境是资深设计师的追求。

线的绘制练习需要真正用心。在一般人看来，画线是一件再简单不过的事情。但在计算机、手机广泛应用的今天，能够沉静内心真正理解手绘线练习的作用是非常困难的事情。线的绘制是园林设计从事创作工作所必需的基本功之一，也是提高个人专业素质和修养的环节。绘制线的练习所产生的作用不是一蹴而就、立竿见影的，需要下一定的苦功夫才能掌握。（见图 4-30）

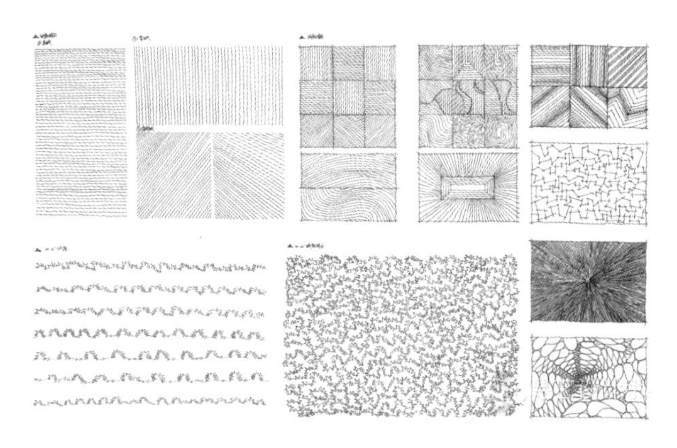

图 4-30　线的绘制练习

熟练掌握不同线的特点。园林设计手绘效果图与施工图不同，可以表现出自如、轻快感，线条绘制表现出速度感。线条在绘制过程中可以借助直尺画出，也可以徒手绘制。当一些绘图纸幅面较大、线条较长时，需要借助直尺工具来表现，否则容易让长直线变得弯曲；而在一些幅面小、线条短的表现中，可以直接徒手绘制。直尺线条给人清晰、准确、干净利落的感觉；徒手线条的特点是总体感觉较直，细看时可发现线条具有节奏性的波动，能够给人以亲和力。（见图 4-31）

握笔姿势影响绘图质量。通常的握笔姿势有手腕支撑、肘部支撑、悬肘绘图三种。手腕支撑的握笔姿势能够表现精准，可以根据需要灵活调整线的粗细，但是难以绘制较长的直线；肘部支撑能够绘制较长且连续的直线，但不适合绘制细节内容；悬肘绘图通常用来绘制一些灵活、自由的造型，用来活跃画面气氛。

### 2. 色彩

手绘完成的线稿已经具备表达设计内容的作用。在线稿基础上进行上色主要是为了增强对比，

图 4-31　不同线的特点

加强画面空间感。在色彩衬托下，园林设计方案中的平面、立面、剖面及透视图均能够加强三维空间感。（见图 4-32）

图 4-32　线稿上色

对于园林设计效果图表现而言，常用的工具是马克笔与彩色铅笔。马克笔有油性与水性两种；彩色铅笔分为溶于水和不溶于水两种。马克笔色彩较为丰富，上色渐变，笔触也更加平滑，但是马克笔笔触缺乏宽窄变化，这就限制了一些场景内容的表现，而且马克笔对上色准确度的要求非常高，一旦画错难以修改。彩色铅笔比较细腻，绘出的笔触效果具有一定的肌理感，还可以通过深浅变化来丰富效果图内容，对绘图者基本功要求略低。

园林设计效果图中色彩的处理应该以马克笔为主，绘制内容占主要部分；以彩色铅笔作为辅助表现，处理冷暖过渡，丰富细节。通常先用马克笔进行绘制，再用彩色铅笔丰富内容。有时用水溶性彩色铅笔时，也可以先用彩色铅笔绘制，再使用马克笔绘制，这种方法利用马克笔的水性来溶解彩铅，能够产生意想不到的效果。但是，这种方法也有一定的局限性，需要彩色铅笔的颜色浅于马克笔的颜色，否则马克笔的笔尖容易被污染，影响后续使用。

常用的表现方法为钢笔淡彩，这种绘图方式以线为主，以色为辅。绘图者切不可在线稿上浓墨重彩地进行表现，容易造成喧宾夺主，破坏画面的整体感。另外，马克笔用色也不可过于艳丽杂乱，以中性色和灰色为佳，以色彩不掩盖线条为准则。为了使方案表现效果统一，仅以小面积的强烈艳丽色彩作为点缀即可。（见图 4-33）

图 4-33　EDSA 北京河北石家庄春江花月小区景观设计手绘效果图

马克笔绘图表现需要注意留白。马克笔本身具有一定透明度，能够产生通透感，但是，马克笔画出的颜色均匀，缺乏变化，面积较大时容易产生沉闷之感。因此，马克笔绘制区域面积时，通常用浅颜色表现保留一定纸底裸露、留白，用深颜色表现通过笔触搭配产生节奏变化。马克笔笔触的运用应该尊重表现物体的结构，切不可任意运笔，导致画面凌乱。

以上是快速、简练的色彩表现注意事项，特别是用色及笔触绘制效果，绘图者只有在实践中不断摸索，才能够掌握适合自己的表现方法。另外一种具有较好效果的表现是水彩表现技法，该技法对绘图者的艺术基本功要求高，但是能够呈现出动人的美感。

## 4.3 鸟瞰图画法

鸟瞰图是根据透视原理，用高视点透视法从高处某一点俯视地面起伏绘制成的立体图。简单地说，就是在空中俯视某一地区所看到的图像。

在园林设计方案完成后，设计师需要表现整体效果来呈现作品，因此，鸟瞰图绘制时，整个设计方案的平面布局都已经确定下来。绘制鸟瞰图要明确所表现内容的整体尺度，根据不同的大小来确定鸟瞰视点高度。另外，鸟瞰图的视点方向也要根据突出设计方案内涵的角度来选择。如果鸟瞰图选择了一个被乔木遮蔽严重的角度，无法看清设计方案的主要内容，那么这种鸟瞰图就没有绘制的意义。

鸟瞰图可采用一点透视画法和二点透视画法。

### 4.3.1 鸟瞰图一点透视画法

这种绘制方法与前面所讲的一点透视方法相似，只是视点高度发生了很大变化。假设视高为175 m，因为垂直方向的清晰视域为28°，平视状态下能看清700 m以外的地面，所以，绘图时需要将画面设置于距离视点水平距离700 m处，以此来表现700 m之外的场地鸟瞰图。（见图4-34）

在谭晖《透视原理及空间描绘》一书中，鸟瞰图方法讲解独辟蹊径，具体画法如下：

第一步：根据场地尺寸确定视点，将平面图用一定比例的网格进行分割定位（见图4-35）；

第二步：绘制鸟瞰图园林网格系统（见图4-36）；

第三步：将园林细节内容绘制到地面网格系统中（见图4-37）；

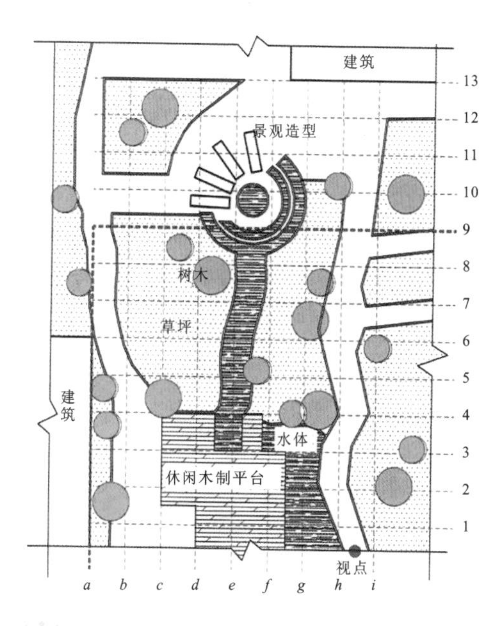


图4-34 鸟瞰图

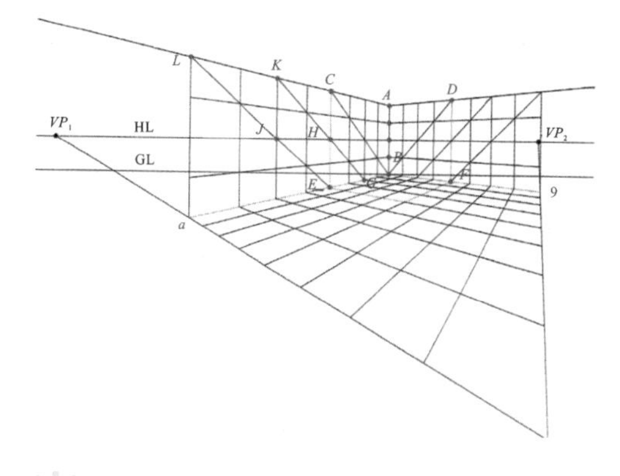


图4-35 确定视点，进行分割定位

第四步：拉伸物体高度，延伸绘制空间的深度（见图4-38）。

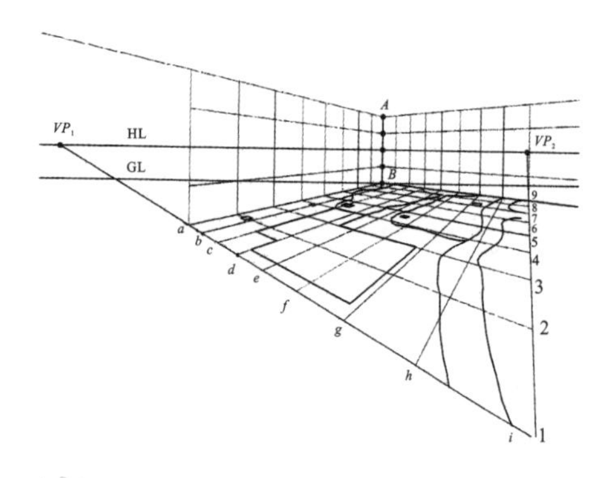


图 4-36　绘制鸟瞰图园林网格系统

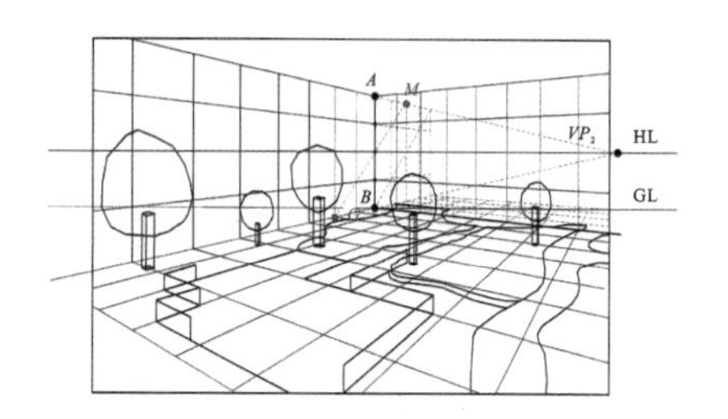


图 4-37　将园林细节内容绘制到地面网格系统中

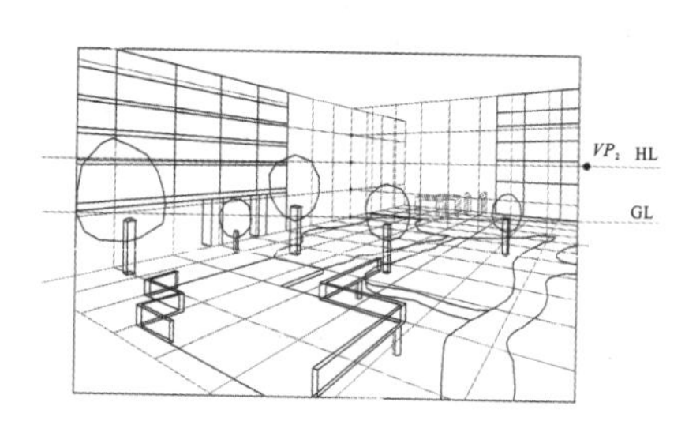


图 4-38　拉伸物体高度，延伸绘制空间的深度

鸟瞰图可以借鉴一点透视法来完成。细节绘制如图 4-39 所示。

图 4-39　细节绘制

## 4.3.2 鸟瞰图二点透视画法

鸟瞰图二点透视画法如下。

第一步：根据场地尺寸确定视点(见图 4-40)，将平面图用一定比例的网格进行分割定位(见图 4-41)。

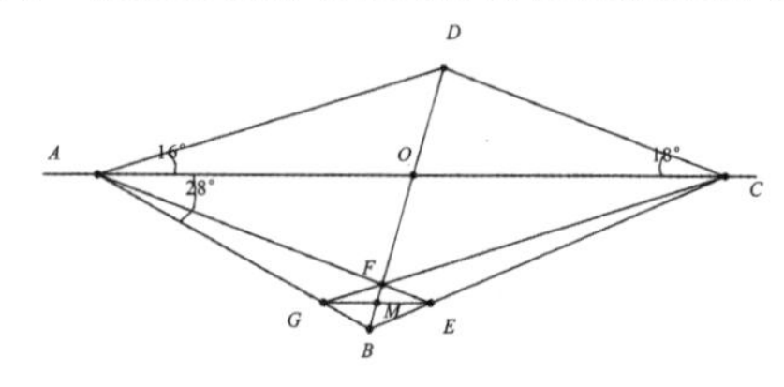


图 4-40　确定视点

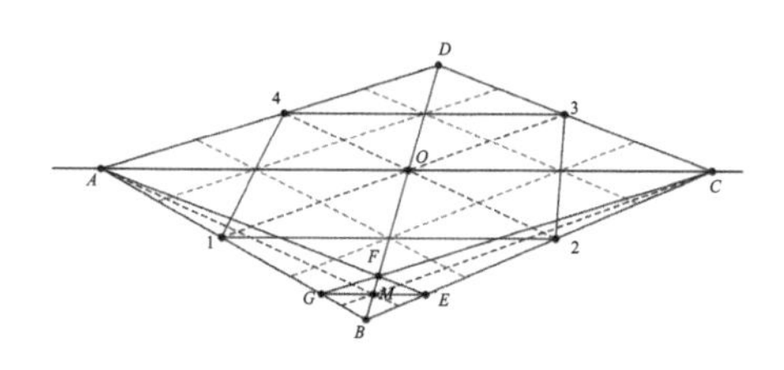


图 4-41　进行分割定位

第二步：绘制鸟瞰图园林网格系统(见图 4-42)。

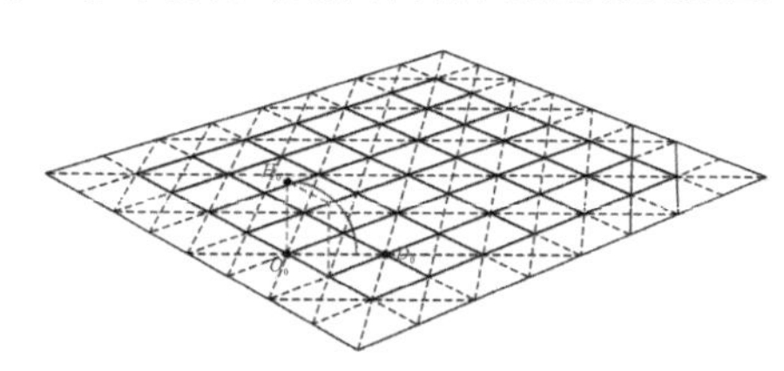

图 4-42　绘制鸟瞰图园林网格系统

第三步：将园林细节内容绘制到地面网格系统中。

第四步：拉伸物体高度，延伸绘制空间的深度(见图 4-43)。

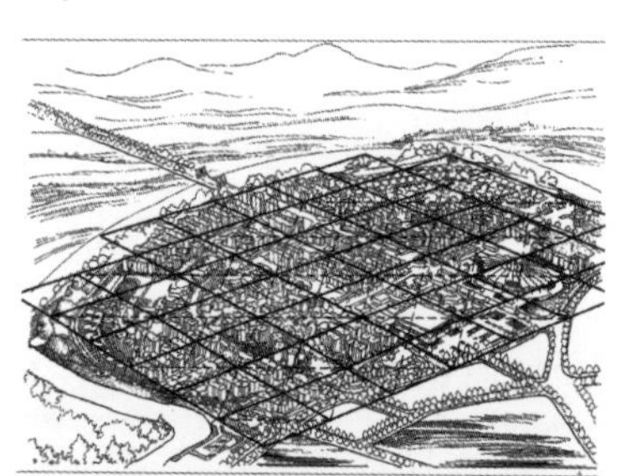

图 4-43　拉伸物体高度，延伸绘制空间的深度



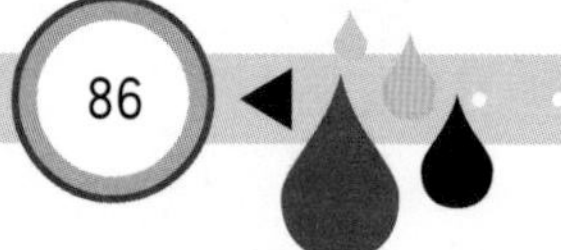

# 第5章

# 园林设计方法与程序

YUANLIN SHEJI FANGFA YU CHENGXU

# 5.1 园林设计思维培养

## 5.1.1 设计思维的作用

设计思维是主导设计整个过程的内在支撑。学习任何一门学科都需要我们熟悉其基本属性，从而形成符合学科特征的思维模式，进一步生成其表达的方法与途径，为学科实践提供指导。园林设计学科兼及艺术与科学属性，因此具有感性与理性交织的双重特征，片面地强调“理性”或“感性”都不利于园林设计的健康发展，强调理性的过程并不排斥感性的意义。设计思维是生成设计方法的基础，而表达则是解决问题的手段，优秀的园林设计必然是设计思维与表达的有机统一。有效的设计思维不但能够保障设计意图的顺利实现，而且能够提高设计效率，减少不必要的精力浪费。

园林设计是一种复杂的综合思维活动，它并非单一地解决形式、功能、材料、场地等独立问题，除了形式和艺术规律层面的因素之外，它还要实实在在地解决一些科学问题。它是运用自然、人文、工程技术的综合知识和技巧解决环境与空间问题的同时，还要创造出空间的秩序与意义的一种创造性活动，因此，园林设计是一种复杂的创造性的思维活动。园林设计的思维，包括对生态、行为、空间以及意境的思考，具有多目标的要求，交叉、统一、协调是不可或缺的思维环节，所以在此基础上，需要生成新的空间形式，也赋予空间形式全新的含义。（见图 5-1）

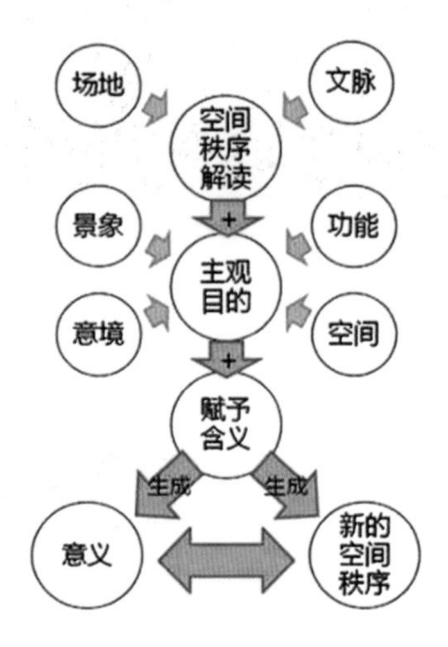


图 5-1 园林设计思维过程

### 1. 设计思维是园林设计创作的灵魂

园林设计并不是单纯地解决设计过程中的一些具体问题，而是一种综合的创新活动。需要以系统的逻辑思维与形象思维来考虑问题，在思考过程中激发灵感，在灵感形成过程中“先主后次”，确保创造性成果达到一定的水平。只有在这种思维方式的指导下，园林设计师才能够在打破常规思维限制的情境中保证新创意的顺利产生，最终得到具有创造性的设计结果。缺少此种设计思维，设计师在设计过程中往往会遇到概念缺乏创意、创意难以落地等情形，得不到预期的设计结果。如果在设计过程中，园林设计师只注重设计表达，仅掌握一些软件、制图工具的使用方法，那么在设计实践中往往只能从事一些技术性工作。成为园林设计师的关键在于要勤动脑想问题，而且是科学、系统、可持续发展地想问题。

### 2. 设计思维是指导园林设计行为的“风向标”

从接到园林设计任务到项目最终完成可能会有多种不同的路径，在设计过程中，可能会经过反复思考，也可能某个环节需要重新设计，也可能突然获得灵感。作为园林设计初学者，要让自己的设计行为不盲目，这就需要设计思维作为指导。在设计思维的指导下，设计师能对园林设计的方向、设计过程、概念梳理有着清晰的判断，对设计过程有着明确的计划，对整体创作有着明确的“方向感”，对任务内容的完成先后顺序有着明确的规划，从而按照设计程序展开工作。如果缺少了必要的设计思维，或者设计思维对设计行为的指导失去了控制，那么设计师整体设计过程一定是紊乱的，最终的结果也可想而知。

#### 3. 设计思维是处理园林设计矛盾的有效工具

在园林设计过程中，通常会遇到各种各样的设计矛盾需要设计师去解决，怎么去选择性地解决这些矛盾就成了重中之重，这就需要设计思维作为有效的工具来解决。

在设计过程中，设计师经常会遇到同时面临多个问题需要解决的情形，那么什么问题要优先考虑，什么问题可暂缓解决甚至放弃解决？这就需要仔细分析各种问题之间的关系，要按照矛盾的法则来认识它们。设计矛盾中一个问题的解决会影响其他问题的解决，它们相互独立又相互影响，但是，在这些矛盾之中，必然有一对主要矛盾。通常，只要有效地解决了主要矛盾，其他的问题就会迎刃而解，即便是解决不了的问题也不会对设计总体产生太大干扰，换句话说，即便出现问题也无关大局。在园林设计过程中，一组主要矛盾得到解决，设计进展了一大步时，设计矛盾也会产生新的变化。前一阶段得出的阶段性设计结果，会转化为后一阶段设计任务的条件。但后一阶段的设计又不是被动的，它也会对前一阶段的设计成果进行验证，甚至产生反作用，要求对前一阶段的设计成果进行适当修正。设计矛盾就是这样一路发展着、牵制着、变化着。面对如此复杂的设计矛盾，我们不得不以复杂的、辩证的思维去认识它、解决它，因此，在正确处理设计矛盾这一点上，设计师所起的作用是显而易见的。

园林设计、规划具有感性和理性的双重思维特征，既要让我们的设计方案具有感性思维的内容并以此去打动人们的内心，又要具有理性思维的内容，以满足人们生理的基本需求。所谓园林设计感性思维特征，与每个人对外部世界的感知方式是具有相似特征的。园林设计在空间、要素及意境美的营造方面，都具有显著的感性特征。在园林设计规划的全过程中，感性思维始终贯穿其中，在园林空间形态研究、园林要素组合搭配等方面都发挥了重要的作用，对设计师营造新的空间秩序、空间氛围起到了关键作用。设计师对感性思维的利用借助地形、地貌、植物、建筑物等园林要素媒介呈现，最终创作出创造性的园林环境。

园林设计理性思维特征与感性设计思维特征不同。理性思维在整个设计过程中具有重要的作用。在公园设计、居住区绿地设计及广场设计等大尺度景观环境中，理性思维是必需的，这样，设计师能更好地梳理场地特征，全面考虑各种需求。举例来讲，我们可以通过科学的调研方法来了解场地特征，解读场地内涵，梳理场地应该具备的功能；通过逻辑思维来分析不同功能之间的相互关系；通过系统思维来分析设计方案是否可行。而感性思维则通过对比、重复、渐变等设计手法，借助相应的媒介来塑造设计师想要传达的主题、概念。

设计师的思维过程中感性思维与理性思维并行、交织，这也是园林设计思维发展的必然。感性思维与理性思维在设计过程中密不可分。理性思维是设计方案最终呈现结果的保障，而感性思维则是设计方案呈现感人创意的依托。在园林设计中，缺乏理性思维的设计因未对场所进行客观判断，而设计结果也必将难以实现；而缺乏感性思维的设计则显平淡，难以让人产生共鸣。

### 5.1.2 园林设计中的设计思维

#### 1. 系统思维

《中国大百科》将“系统”译为，由元素组成的彼此相互作用的有机整体。“系统”一词，在古希腊语中带有组合、整体和有序的含义。现代科学则赋予“系统”概念更丰富的内涵，在物理学、化学、工程学、系统科学里有不同的含义。

系统思维，又称为整体思维，就是从系统观点出发，着重从整体与局部、局部与局部、结构与功能、优化与构建、信息与组织、控制与反馈、系统与环境之间的相互联系、相互作用中综合地研究和精确地考察对象，以求达到最佳认识客体和正确进行实践活动的思维方式。

系统思维方式的核心内容是整体性思维，它决定着系统思维方式的内容和原则。它认为整体是由各个局部按照一定的秩序组织起来的，要求以整体和全面的视角把握对象，就是整体、全面考虑各个方面因素的一种思维方式，也就是一切从整体出发来考虑问题和解决问题。

系统思维是园林设计的重要思维方法之一，它是把园林设计各方面内容作为一个整体进行分析、综合与优化的过程，强调同一问题不同方面之间的联系，避免孤立地思考问题。在园林设计中，需要综合考虑整体与局部、局部与局部，甚至局部产生后的影响方面的关系，设计解决一定矛盾或者问题，必然产生新的影响，这些影响能够产生何种结果？这些结果是否会对园林设计的其他方面产生干扰或者促进作用？因此，设计师既要把思维提升到一定的高度，又要把思维拓展到一定的广度，才能全盘考虑园林设计的方方面面，最终完成设计方案。（见图 5-2）

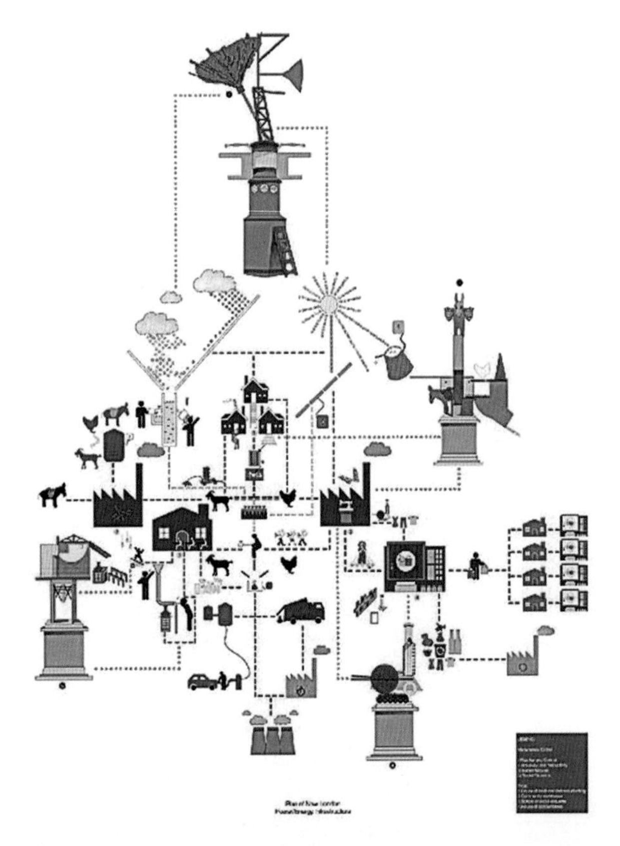

图 5-2　园林设计系统思维示意图

从非专业角度来看园林设计，无非是对地形、植物的搭配与组合，是一种简单的修建工程，这是对园林设计的误解。园林设计是一个系统工程，需要从整体性出发去考虑问题，涉及跨学科合作、跨专业合作的内容。园林设计涉及城市规划、建筑设计、环境设施、视觉传达设计、展示设计、室内设计、植物种植、生态环境等多方面的内容，是对多种专业进行科学、系统整合的专业，且注重不同专业之间的内在联系与相互作用。

在园林设计中引入系统思维的概念，具体而言，就是在园林设计分析时，首先，要“全”，要将项目系统中的任何因素都考虑到，尽可能将相关因素都纳入系统中来。在这个环节中，设计往往会主观地抛弃一些自认为无足轻重的设计因素，从而导致设计因素在系统思维中不全面，这就使得系统思维在设计过程中的作用大打折扣。其次，要有“层次”，将系统中的各设计要素进行秩序化梳理、分析，根据设计要素在设计中的相关性确定分析问题的先后顺序，对设计要素进行层次化分级。缺乏层次的分析容易导致就事论事，进行孤立分析，这就会导致条理不清、系统紊乱，进而干扰设计思维。再者，要“抓重点”，设计过程中不同环节要解决的问题并不相同，不同环节的侧重点也有所差别，因此，对“重点”的理解切莫孤立来看。各个设计要素在设计中所起到的影响并不相同，甚至，同一设计要素在不同设计阶段所起到的作用也不相同，这就需要设计师在分析时，根据客观需要抓住系统整体设计因素或者不同园林设计阶段的重点设计因素，而不是将分析精力均分到各个环节中去。有重点的分析才能够产生创造性进展，形成设计环节的进度。系统思维、系统分析是我们设计思维的重要手段，而不是最终目的，设计师在实际操作中切莫唯系统论。当园林设计中遇到问题、分析问题时，我们解决这些问题的方法有很多，这些解决问题的方法所产生的结果也不尽相同，面对此种情形，要综合考虑解决这些问题的性价比，选取最佳方案，即便难以实现完美状态，也能够得到最佳解决方案，这种系统思维贯穿在园林设计的始终。总之，系统设计的关键点就是：设计分析、设计问题的整体性考虑；分析问题时，善于抓住系统性的重点；解决问题时，方法择优处理。

### 2. 综合思维

园林设计同其他设计类专业一样，设计方案实际上提供了一种满足功能与审美需求的解决方案。解决问题的前提是发现问题。对园林设计场所进行客观、全面、综合的调查与分析，进而梳理各个要素之间的联系与区别，通过导入富有创意的问题解决方式，利用设计手法最终协调各种因素并完成设计才是正确的设计思维路线。对于园林设计中的功能、形式、空间、要素、生态、工程技术等方面进行深入研究，在不同层面解决不同问题，才是园林环境营造的正确途径。（见图 5-3）

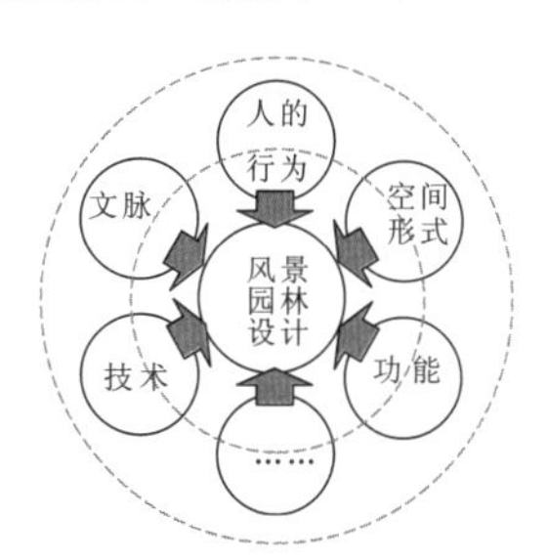


图 5-3　园林设计综合思维示意图

园林设计综合思维是指将缜密的逻辑思维与丰富的形象思维统一起来进行思考的方式。科学性与艺术性的结合是园林设计的特性，也是规划、建筑、室内设计等专业的特性。在设计过程中，设计师既要运用形象思维的知觉、联想、隐喻、关联等心理活动规律，对园林空间、形式进行塑造，包括地形、植物配置、水体造型，甚至铺装、景观节点等形式推敲等，也需要对逻辑思维进行思考，通过对概念的分析、比较、抽象、演变等内在心理活动的考虑，清晰认知设计要素的相互关系及影响程度，处理设计过程中的矛盾关系及最终解决相关问题的优化处理办法等。

综合思维包含形象思维与逻辑思维两种方式，在设计的不同阶段发挥着各自不同的作用。在园林设计过程中，有的环节需要通过形象思维重点推敲形式问题，有的环节需要依靠逻辑思维推敲内在联系，不同环节侧重点不同。例如，在处理场地功能、周边环境、技术手段及设施布置等相关问题时，设计思维活动多依靠逻辑思维来解决系列问题，注重处理不同设计要素的内在联系；而在处理场地空间形态、地形起伏、地面铺装、色彩配置等设计问题时，设计师多侧重采用形象思维来进行艺术创造。虽然两种思维方式在设计过程中起的作用并不相同，但也并非界限分明，而是相互穿插、相互联系的，只是在园林设计的某一环节一种思维方式占据主导地位。在考虑问题过程中，有时逻辑思维占据主导地位，形象思维来进行检验，起着一定的制约作用；而有时形象思维在创作时为主导，逻辑思维起着辅助形象思维的作用，能够帮助设计师推敲形式创作是否合乎内在要求，帮助顺利实现预期目标。因此，两种思维方式在整个园林设计过程中是相辅相成的，侧重哪一种思维方式进行设计与设计过程的需要相关，哪种思维方式占据主导地位并不重要，关键是要认识到，两种思维并行在设计思考的全过程中才是正确的思维方式。

园林设计需要综合思维也正源于该专业包含内容多样性的特点。在一项园林设计中，设计师需要考虑周边环境、场地现状、功能需求、空间布局、历史文脉、人性化设计、交通安排及各个环节所需要的相关技术等多学科的问题，涉及种类多、难度不一，除了主要的设计概念，还有众多的子问题需要考虑。所以，园林设计是一个具有多重目标需求，需要使用多种思维方式解决同一问题的思维过程，单一的行为空间、生态，或者单一的文化层面的研究都无法构建出具有多重意义的园林空间环境。因此，园林设计思维需要达成“多样性”和“综合性”统一。

### 3. 创造性思维

对于设计初学者来说，常采用的创作方式有两种：一种是基于多方面的研究入手，综合考虑多种内在因素，确定合理的内在矛盾解决办法，然后选取相应的外在媒介进行表现，经过重组后得到新的创意；另一种是基于全面、扎实的知识储备，当面对设计任务时，多种思维方式共同作用，展开思考，创意以“灵光一闪”的方式呈现。不论何种方式的创造性，都是发现、判断与重组的过程，只是呈现过程有所差别。开创性思维有着创造性、新颖等特点，是一件具有难度与挑战性的事，有时历经曲折而得到预期结果，有时又极为简单。设计初学者想要掌握扎实、熟练的创作方法，还需要加强创造性思维。（见图 5-4）

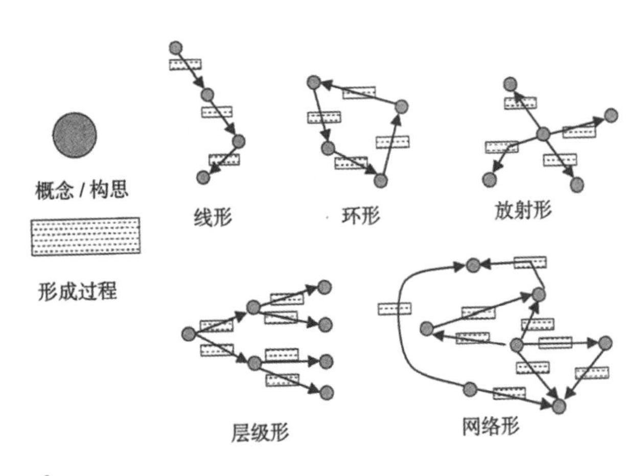


图 5-4　园林设计创意思维示意图

创造性思维是一种能够达到全新认知水平并获得开创性新结果的思维，是否产生崭新的创意成果是创造性思维区别于其他思维方式的关键。创造性思维首先要求设计结果与众不同，有着较为显著的新颖特点，与以往的同类设计结果有明显区别，在整体上或者局部环节中体现出前所未有的差别。通常来讲，设计者的设计成果是否能够呈现出超越以往的创造性特点，达到新的设计水准，这依靠与仰仗创造性思维是否具有超越性。创造性思维的超越性并不是经过努力就一定能够得到的，否则，国际顶尖设计师的队伍一定会具备相当规模。只能说设计师要想超越以往的认识水平与设计结果，只能通过不断完善自身的知识结构与提升设计修养，不断增强自己的能力，以期能够在后续的设计项目中又快又好地得到预期成果。

在设计项目过程中，能够利用创造性思维产生超越以往的设计结果的环节有很多，从功能、材料、形式等方面都可以找到突破口。相对于其他种类的设计来说，园林设计产生创造性的途径更多。园林设计中的创造性并非凭空产生，创造性的概念产生源自对场地深入的分析，以及对室外环境中人的行为、场地特性、空间特征、生态条件等综合因素的研究。

作为园林设计的入门设计师应该认识到，通过对园林设计项目的深入研究、系统分析，通过融合、重组与叠加等方式创造性地实现场地需求，最终得到设计结果的过程是一个基本方法、程序。在研究设计的过程中，我们能够找到一些客观规律，或者一些客观的线索和依据。摒弃个体之间的差异，可以寻求到一些设计的规律。在掌握扎实的设计方法并能够熟练运用之后，经过知识结构的不断储备与设计认识水平的提高，最终成长为优秀设计师就顺理成章了，设计师在设计过程中获得“灵感”、得到创意的情形也会越来越多。

**4. 图示思维**

图示思维能有效地提高和开拓创造性思维能力。图示思维方式的根本点是形象化的思想和分析，设计者把大脑中的思维活动延伸到外部来，通过图形使之外向化、具体化。通俗理解为：视觉的思维性功能帮助我们进行思维、进行创造。在发现、分析和解决问题的同时，头脑里的思维通过手的勾勒，便跃然纸上，而所勾勒的形象通过眼睛的观察又被反馈到大脑，刺激大脑进一步思考、判断和综合，如此循环往复，最初的设计构思也随之愈发深入。

图示思维借助徒手草图形式把思维活动形象地描述出来，并通过视觉反复验证达到进一步刺激思维活动，促进设计方案生成与发展，这就是建筑专业特有的图示思维。在园林设计中，图示思维表现为在设计时的创意想法借助手绘草图的形式记录下来，转换为可视的图形，方便设计师进行深入推敲、比较。（见图 5-5）

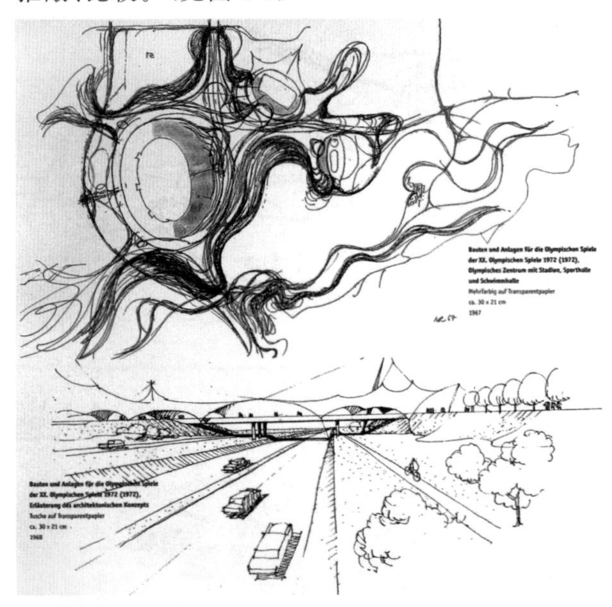

图 5-5　园林设计图示思维示意图

图示思维能够使设计思路分阶段记录下来并逐步延续，促使设计方案进一步得到深化。图示思维在园林设计中应用广泛，作用可以概括为以下几点。

1）将方案内在逻辑转换为符号

在园林设计的不同阶段，设计师需要思考的问题种类多、涉及面广，通过图示思维能够有效地将不同种类的构思转换为可视的符号，包括概念性的初步构思、对场地现状的梳理、对功能的分析、对环境的解析等。不同的手绘符号表达不同的内容，能够让设计师将思考内容大部分转化为符号，使大脑有额外的余地思考更深入的问题，否则，一些有深度的创造性构思容易被后续的思考所淡化。

2）交流的主要方式

园林设计方案的构思中，设计思维过程具有发散性、广阔性的特征。设计过程也是解决问题的过程，那么，解决问题的方法多种多样，如何选取、比较这些解决问题的方法呢？这就需要图示思维来记录构思，通过可视的方案进行比较，方便设计师分析、比较、验证构思，选取最佳方案。此外，园林设计过程涉及较多的交流环节，图示思维能够帮助设计师有效地与同行、甲方之间进行沟通交流，保证设计方案沿着正确的方向展开。

3）引导设计创意产生

图示思维记录了当前大脑对设计的不同层次问题的思考，在这些思考转换为可视的图形符号之后，不同层次的信息汇集在一起，设计师大脑的负荷得到有效释放，并能够借助汇总之后的信息进行深度思考，一些设计创意就是在这个环节产生的。

4）提升设计能力

图示思维的连续表达能够使设计师回顾思考过程，对设计环节的各个组成部分进行有效的反思，有利于设计师调整、总结、提升。

图示思维在园林设计调研及设计过程中的概念形成和表达上有着其他手段所不能替代的作用，特别是应对一些规划设计、公园设计等涉及内容多、复杂程度高、面积大的项目，更能够体现出其不可替代的作用。人的认知与表达过程是逐渐深入的，图示思维能够有效地记录这种发展过程。设计师采用图示思维进行思考，能够用可视的图形方式将设计构思记录下来，通过动态的方式进行表达，对最初概念的优化、改进、提升都能够循序渐进地展开。

## 5.2 专业基础知识的储备

通过园林设计项目招标过程，我们很容易发现，同一场地环境条件下的园林项目能够获得多种不同的设计主题和创意。究其原因，这是由设计师知识结构、设计经验和设计出发点不同造成的。这些针对同一项目的不同设计方案在功能布局、设计主题、材质应用、地形设计、植物配置等多方面都存在差异，但是这些方案都遵循着景观设计的系列规范。这些园林设计常识性的知识一方面指导着设计师，避免其犯简单的错误；另一方面，常识性专业知识是设计师创意的起点。园林设计初学者在设计过程中出现问题大多是对基础专业知识掌握不扎实而导致的。本节主要围绕一些常规的专业知识进行讲解，引导读者全面、不间断地积累知识，构建各专业知识体系。

### 5.2.1 功能布局

功能布局是园林设计的基本问题，是设计过程中诸多矛盾中的主要矛盾，需要结合现状条件对功能或景区划分、景观构想、景点设置、出入口位置、地貌、园路系统、河湖水系、植物布局，以及建筑物和构筑物的位置、规模、造型及各专业工程管线系统等做出综合设计。在园林设计功能布局阶段需要解决的问题有：出入口位置、数量、尺度的确定，合理的区域划分，建筑布局，道路体系设计，地形设计，植物规划设计等。功能布局需要系统、逻辑地思考问题，避免思维混乱，使各个功能区之间布局合理、综合平衡。

举例来说，《公园设计规范》中谈到公园与城市规划问题时提到：市、区级公园各个方向出入口的游人数量与附近公交车站点位置、附近人口密度及城市道路的客流量密切相关，所以公园出入口位置的确定需要考虑这些条件。在主要出入口前设置集散广场，是为了避免大股游人出入时，影响城市道路交通，并确保游人安全。另外，从城市规划角度来看，公园出入口位置距离周边城市干道路口也有相应的距离限制。由此可以看出，公园出入口的设置并非只根据方案来确定，而是要根据周边具体环境和具体问题来确定出入口位置，根据公园面积确定主入口及次入口数量。确定主、次入口是园林设计过程展开的起点。

功能布局中重要的问题是分区规划。园林通常包含多种功能需求，面向不同层次、类型的游人，这些不同的使用者需要适合自己的空间和功能设施。园林设计要根据不同的人群来设置相应的功能区，并且结合园林场地特点进行合理安排，综合考虑场地范围内的地形、土壤等地质条件，以及历史、文化古迹等文化内容。一般性的园林功能区包含娱乐区、游赏区、休息区、儿童活动区、管理区等。

## 5.2.2 相关规范与指标

园林设计规范是该行业经过长时间检验所形成的严格技术标准。严格按照规范执行的设计方案未必能够成为优秀、经典的设计，但缺乏设计规范指导的项目，极其容易出现技术上的硬伤，如功能欠缺，或存在安全问题、持续发展问题等。园林设计初学者应该尽快了解和积累相关设计规范知识，通过规范来检验、排除自身设计方案中的不合理因素，从而避免白白耗费精力。设计规范的内容较为全面，在此无法详细展开介绍，仅提供部分内容供初学者了解。

绿地主要包括公共绿地、宅旁绿地等，其中公共绿地又包括居住区公园、小游园、组团绿地及其他的一些块状、带状化公共绿地。绿地率区别于绿化率。

绿化率，严格来讲应该是绿化覆盖率，指绿化植物的垂直投影面积占城市总用地面积的比值。通俗来讲，从平面图中来看，树冠所覆盖的地面部分也计算在内的计算方式就是绿化率，一般不少于70％。

新建居住区绿地率不应低于30％，旧区改建项目绿地率不宜低于25％。在城市范围内的水体边缘的防护林宽度通常不小于30 m。交通枢纽、工业企业、商业中心等建筑占地范围内的绿地率不低于20％，学校、医院、文化设施等用地范围内绿地率不低于35％。这些指标能够影响园林设计的总体设计思路。

## 5.2.3 园林设计中常规设施项目的设置

公园内一般不得修建与其性质无关的、单纯以营利为目的的餐厅、旅馆和舞厅等建筑。公园中方便游人使用的餐厅、小卖店等服务设施的规模应与公园游人的容量相适应。

面积大于10 $hm^2$的公园，应按游人容量的2％设置厕所蹲位；面积小于10 $hm^2$的按游人容量的1.5％设置厕所蹲位。厕所的服务半径不宜超过250 m；各厕所内的蹲位数应与公园内的游人分布密度相适应；在儿童游戏场附近，应设置方便儿童使用的厕所；公园宜设方便残疾人使用的厕所。

公用的条凳、座椅、美人靠等，其数量应按游人容量的20％～30％设置，但平均每1 $hm^2$陆地面积上的座位数量不得少于20个，最高不得超过150个，分布应合理。

园路系统设计时，应根据公园的规模、各分区的活动内容、游人容量和管理需要，确定园路的路线、分类分级和园桥、铺装场地的位置和特色要求。园路的路网密度宜为200～380 $m/hm^2$，动物园的路网密度宜为160～300 $m/hm^2$。主路纵坡坡度宜小于8％，横坡坡度宜小于3％，粒料路面横坡坡度宜小于4％，纵、横坡不得同时无坡度。山地公园的园路纵坡坡度应小于12％，坡度超过12％的应做防滑处理。主园路不宜设梯道，必须设梯道时，纵坡坡度宜小于36％。

硬底人工水体的近岸2.0 m范围内的水深，不得大于0.7 m，达不到此要求的应设防护栏。无护栏的园桥、汀步附近2.0 m范围以内的水深不得大于0.5 m。

游人通行量较大的建筑，室外台阶宽度不宜小于1.5 m,踏步宽度不宜小于30 cm,踏步高度不宜大于16 cm,台阶踏步数不少于2级,侧方高差大于1.0 m的台阶,设护栏设施。建筑内部和外缘,凡游人正常活动范围边缘临空高差大于1.0 m处,均设护栏设施,其高度应大于1.05 m;高差较大处的护栏设施高度可适当提高,但其高度不宜大于1.2 m。护栏设施必须坚固、耐久且采用不易攀登的构造。

公用停车场的停车区距离所服务的建筑出入口距离宜为50～100 m。机动车停车场出入口应该具有良好的视野,特别是距离人行道、地道、隧道时,需要大于50 m。机动车停车场车位数量超过50个时,出入口不得少于2个;机动车停车场车位数量超过500个时,出入口不少于3个。出入口之间的净距离必须大于10 m,出入口宽度不小于7 m。道路机动车停车场主要道路宽度不小于6 m。停车场道路的转弯半径也有严格要求,中型汽车为10.5 m,小型和微型汽车为7 m。

除了上述提到的部分规范外,在工程管线方面、竖向设计方面、水资源利用与保护方面都有着相应要求。园林设计初学者应该掌握一定的规范知识,以免在设计中出现偏差而导致设计上的低级失误。

## 5.3 现代园林设计的程序

现代园林设计程序是指建造一座园林之前,设计者根据建设计划及当地的具体情况,把要建造的这个园林的想法,通过各种图纸及简要说明表达出来,使大家知道这座园林将建成什么样,使施工人员可以根据这些图纸和说明把这座园林建造出来。这样的一系列规划设计工作的过程,我们称之为园林规划设计程序。

### 5.3.1 设计分析与工作计划编制

在设计之前,设计师应该了解设计委托方的需求,然后根据委托方提出的完成园林项目的截止时间,制订工作计划。园林设计规划是一个复杂而又庞大的项目,在设计上可能需要进行多次调整,在整个设计过程中还会受到很多外界因素的干扰,因此要编制出一个紧凑的工作计划,以保障设计进度及效率。(见图5-6)

### 5.3.2 场地调查与分析

#### 1. 场地调查

场地调查包括收集与场地有关的技术资料和进行实地考察、勘测两部分工作。(见图5-7、图5-8)

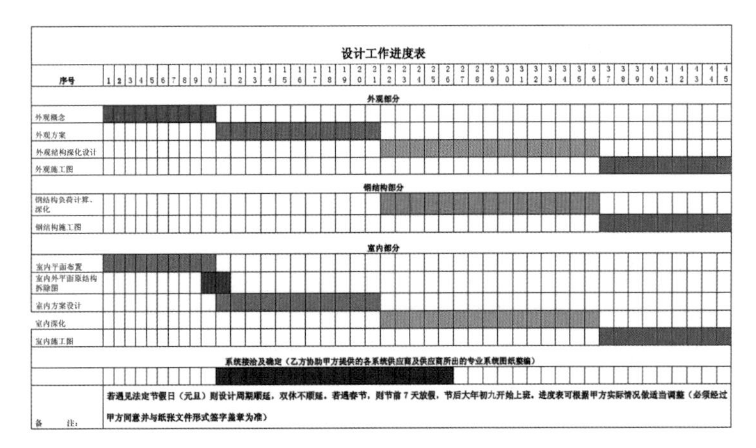


图5-6　工作计划

图 5-7 中关村康体中心广场现场

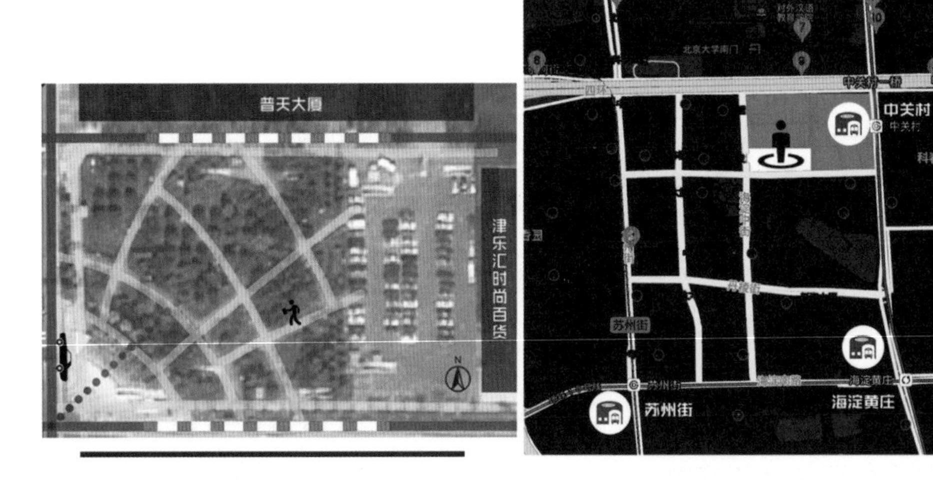


图 5-8 中关村康体中心广场

有些技术资料可以从有关部门得到，如基地的地形图和现状图、管网图、气象资料、水利资料等，一些不完整或者与现状有出入的资料可以重新收集。除了资料的收集外，直观认识现场对设计师来说也是很重要的，因此调查场地现状还需要做好以下几项工作。

做好拍照和录像工作。因为受到条件限制，设计的时候不能经常到现场，所以设计的时候需要经常通过照片和录像来帮助设计师回忆场地的细节。另外，可以画一些简单的速写，对于一些复杂的地貌，一些剖面的速写可以帮助设计师在以后的设计中更好地利用场地。

确定场地调查的主次关系。现状调查并不是将地质条件、气象资料、人工设施、视觉质量等内容放在同一高度去调查，而是应该根据场地的大小、特征、场地中可利用的因素等有目的、分主次地进行。场地调查的另外一个重要方面就是收集与场地有关的人文资料。每一个场地都有自己的历史和文化，比如著名的历史人物、文化资源、风景名胜等。有的场地虽然看起来很普通，但却有着特殊的景观肌理。

### 2. 场地分析

设计要求的分析通常以设计任务书的形式出现，更多的是表现出园林项目业主的意愿和态度。这一阶段需要明确该园林设计的主要内容和项目的建设性质及投资规模，了解设计的基本要求，分

析其使用功能，确定园林的服务对象。这就要求设计者多与项目业主进行多方面、多层次的沟通，深刻分析并领会其对场地的要求与认知，避免走弯路。

场地的环境分为内部环境和外部环境两个层面。

外部环境虽然不属于场地内部，但对它的分析却决不能忽视，因为场地是不能脱离它所处的周边环境而独立存在的。设计师主要需要考虑外部环境对场地的影响。第一，外部环境中哪些是可以被场地利用的。中国古典园林中的借景即将场地外的优美景致借入，丰富场地的景观。第二，哪些是可以通过改造而加以利用的。尽可能将水、植物等有价值的自然生态要素组织到场地中。第三，哪些是必须回避的。如荒地等消极因素。可以通过彻底铲除或采用遮挡的手法加以屏蔽，优化内部景观效果。总之，正如计成在“兴造论”里提出的“俗则屏之，嘉则收之”一样。（见图 5-9）

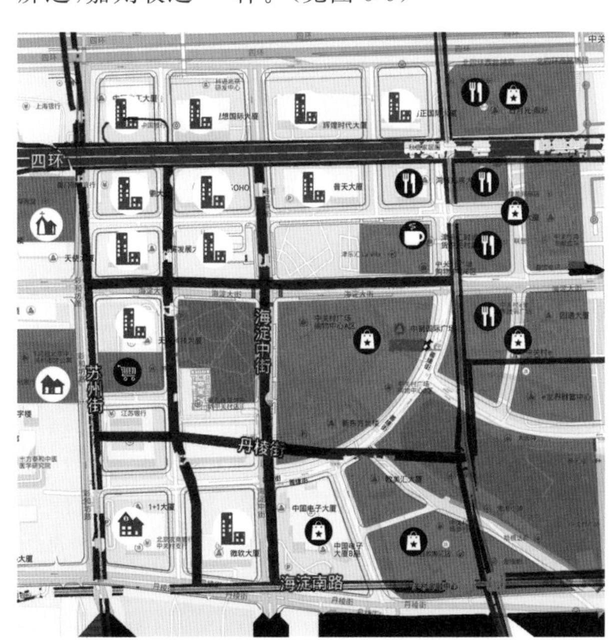


图 5-9　中关村康体中心广场周边业态分析

内部环境的分析是整个过程的核心，包含以下几个方面。第一，自然环境条件分析。分析内容包括地形、地貌、气候、土壤、水体状况等，其可为园林设计提供客观依据。通过调查，把握、认识地段环境的质量水平及其对园林设计的制约因素。第二，景观功能分析。分析内容包括园林文化主题的分析。应充分挖掘场地中以实体形式存在的历史文化资源，如文物古迹、壁画、雕刻等，以及以虚体形式伴随场地所在区域的历史故事、神话传说、民俗风情等。对园区功能进行定位，安排观赏休闲、娱乐活动等功能区。第三，植被分析。植物景观的营造分析需要考虑选何种植物，包括大小、数量，如何配置并形成特定的植物景观。这就要考虑以植物个体为元素和植物配置后的群体为元素的选择与布局。首先，应该从整体上考虑什么地方该配置何种植物景观类型。其次，根据各景观类型的构成和各构成植物本身的特性将它们布置到适宜的位置。在植物景观的分析过程中，还要注意植物功能空间的连接与转化，合理的空间形式塑造及植物景观与整个园林景观元素的协调和统一。（见图 5-10、图 5-11）

图 5-10　中关村康体中心广场消防安全设施分析

图 5-11　中关村康体中心广场种植现状分析

## 5.3.3 设计理念

### 1. 概念的形成

现代传媒及心理学认为:概念是人对能代表某种事物或发展过程的特点及意义所形成的思维结论。园林设计概念则是设计师针对设计所产生的诸多感性思维进行归纳与精炼所产生的思维总结,因此,设计师在设计前期必须对将要进行设计的园林方案做出周密的调查与策划,分析出客户的具体要求及方案意图,以及整个园林方案的目的意图、地域特征、文化内涵等,以其独有的思维素质形成一连串的设计想法,在诸多的想法与构思上提炼出准确的设计概念。(见图 5-12)

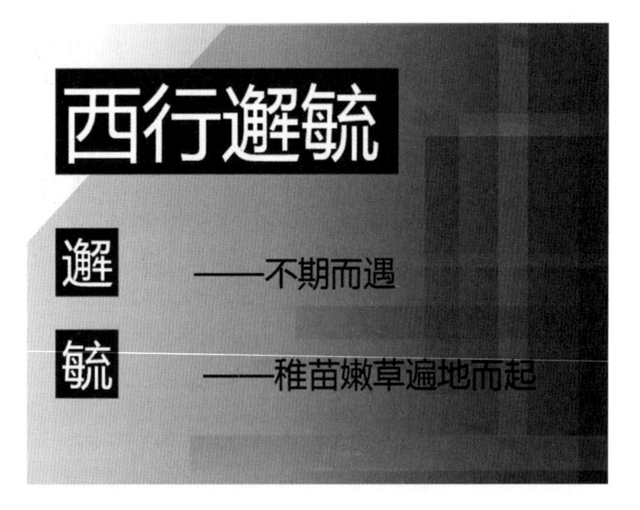


图 5-12　中关村康体中心广场设计概念

概念设计即利用设计概念并以其为主线贯穿全部设计过程的设计方法。概念设计是完整而全面的设计过程,它通过设计概念将设计者繁复的感性和瞬间思维上升到统一的理性思维从而完成整个设计。在中国古典造园手法中,象征主义是表达概念常见的一种方式,"一勺代水,一拳代山"就是通过一个小景或局部景色让人们联想到与该造景具有相似性的大自然。

### 2. 设计的定位

设计定位是园林设计操作过程中非常重要的步骤,它能确定设计的对象、市场、项目的优势和劣势等,能使设计明确目的,避免闭门造车现象的发生,对于设计的整体构思非常关键。园林设计的定位主要包括:①设计的功能定位——明确园林项目的主要功能与次要功能;②设计的特色定位——要根据分析找出该园林项目特有的要素,力求创新,从而确定园林项目的特色;③设计的人群定位——园林设计中应该明确场地针对的是什么年龄层次的游客,然后再根据各类型人群的行为特征进行设计与定位。

### 3. 设计的目标

设计的目标就是设计师对于项目所要达到的预期效果。在园林设计中,目标和解决的问题是很重要的,只有找到了目标和问题,以及解决问题的方法,整个设计才会达到预期效果。有了目标,才会有正确的行动。在设计中,目标是否科学在很大程度上决定了设计是否科学,设计是否能成功。如果目标不正确,那么其结果就必然是项目的失败。一个园林项目除了有总的设计目标,还有针对每一个时期或者阶段的目标,只有先完成一个个阶段性的目标,才会实现总的目标。(见图 5-13)

## 5.3.4 场地规划

### 1. 总体设计

在园林设计中,虽然设计师所要完成设计的场地大小不一,但设计师应该对场地周边的环境和场地在城市中的地位进行研究,站在城市发展或区域发展的高度对园林设计的场地进行分析。区域分析主要包含三个方面的内容:一是园林项目在城市中的地理位置;二是园林项目在城市中的功能分析、文化影响;三是园林项目在城市中的交通关系、用地关系。

### 2. 功能分区

功能分区就是指将各功能部分的特性和其他部分的关系进行深入、细致、合理、有效的分析,最终决定它们各自在基地内的位置、大致范围和相互关系。功能分区常依据动静原则、公共和私密原则、开放与封闭原则进行分区。也就是说,在大的园林景观环境或条件下,充分了解其周围环境及邻近实体对人产生相互作用的特定区域。园林中每

地块一：康体中心广场

康体中心建筑位于中关村西区的中部，建筑占地面积约 5 100 平方米，地上三层，地下一层，功能为商业、休闲健身、影院等。康体中心广场位于康体中心建筑的西部，从中关村大街一直延伸到西区中心的绿地广场带的北端。

用地面积约 8 000 平方米，现有停车场一处，占用了大量绿地面积，并割裂了康体中心建筑与绿地广场的联系。现有的广场设计侧重于与周边绿地平面图形上的联系，而缺乏与康体中心建筑的关联，缺乏空间感和场所感，也缺少供人休息的设施，无法吸引人们进入使用。

设计要求对广场进行改建，创造一个具有鲜明特点的现代城市公共空间。因中关村西区地下车位充足，要求取消地面停车场，建立广场与康体中心建筑之间的良好联系并满足建筑的交通、集散、进货等使用要求。要求在场地内安排一处室外咖啡茶座，经营设施可以结合康体中心建筑安排，也可在绿地中设置售卖亭。广场要能够与周边环境紧密联系，同时为西区的上班族和购物娱乐的人们提供舒适的步行空间和休息消遣场所。根据相关规范，要求绿地面积大于用地面积的 65%。

图 5-13　中关村康体中心设计内容

个区域的功能确定后，就需要绘制空间分布与组合图，也就是通常所说的气泡图，把各功能之间的组合关系、功能关系以及人流动线关系等表现出来。(见图 5-14)

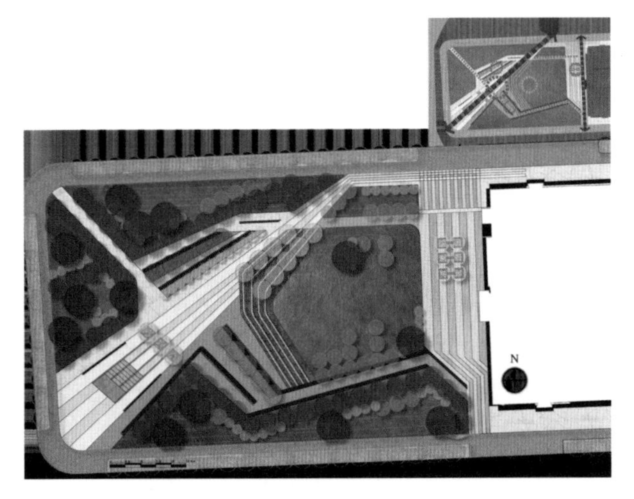


图 5-14　中关村康体中心总平面

### 3. 道路交通规划

园林道路作为园林设计的主要要素之一，在园林中具有交通功能、引导游览功能等多个方面的功能。道路所呈现的是线性景观，对丰富园林景观内容和表达历史或文化内涵起着非常重要的作用。如何将道路功能与周边环境合理地融为一体，构筑有特色园林道路的景观，成为园林道路设计和建设的一个重要课题。

1) 园林道路的功能

园林道路是贯穿全园的交通网络，纵横交错的道路构成全园的基本骨架，是联系园内各个景区、景点的纽带和风景线，也是构成园林风景的要素之一。园林的走向，对园林的通风、光照和环境保护均有一定的影响，因此，园林道路在实用功能和造景方面起着重要作用。

2) 园林道路的布局

合理的园林道路总体布局是园路规划设计成功的先决条件，地形地貌往往决定了园林道路系统的形式。有山有水的绿地，其主要活动设施往往沿湖或环山布置，主路应从游览的角度考虑，使路网的安排应尽可能呈环状。狭长的绿化用地、主要活动设施和景点通常呈带状分布，和它们相连的主要园路应当为带状形式。另外，方格状路网会使园路过分笔直且长而使景观单调，规划设计中应尽量避免选用这种布局形式。

### 4. 绿地系统规划

绿地系统规划作为园林景观生态的一个重要组成部分，既可以是园林规划设计中的一部分，也可以作为一个独立的项目，绿地规划设计是乔、灌、花、草合理布局的植被规划，同时还要协调园林水体、建筑等空间形式。(见图 5-15)

绿地系统规划主要考虑的内容有：

图 5-15 中关村康体中心种植设计

(1) 整体性——地理、自然以及人文景观在时间和空间上的连续性;

(2) 多样性——物种、景观、建筑、文化等系统的多样性;

(3) 自然性——充分利用本土植物、原生态植物,保持生态系统自身的土地;

(4) 标示性——绿地系统的规划需要具有典型的视觉辨识特征,不同分区的植物应该有明显标示性。

## 5.3.5 方案设计程序

### 1. 方案初步设计

方案初步设计包含方案的构思、确定、完成三部分。综合考虑任务书所要求的内容和项目基地的环境条件,提出一些方案构思和设想,利用前期的分析报告,确定一个好的方案或整合形成一个综合的方案,最后加以完善成为初步设计方案。这个阶段的前期要进行草图设计,设计师根据所掌握的信息,把地形打印出来并且在上面不断推敲、调整,直到把初步方案确定下来,并且同甲方达成一致意见。(见图 5-16)

草图阶段,设计师把理性分析和感性的审美意识转化为具体的设计内容,把个人对设计的理解用图纸的方式表现出来,使之能直观表现在甲方面前。初步设计阶段要完成的图纸主要是平面布置图、部分立面图。

### 2. 方案深入设计

设计师在甲方所认同的初步设计基础上进一

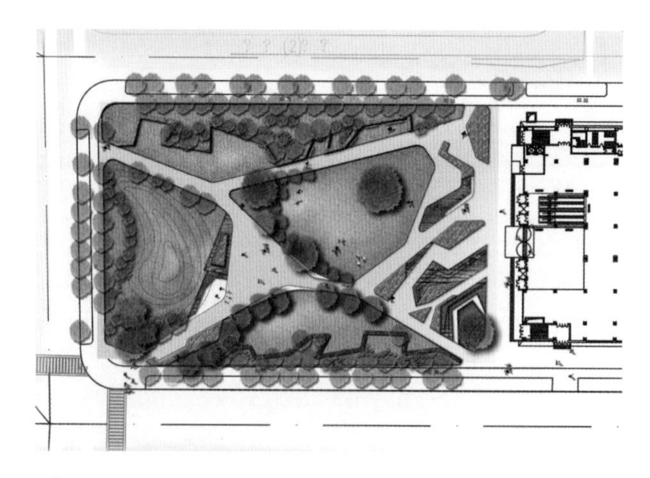

图 5-16 中关村康体中心平面图

步做深入设计,利用空间、造型、材料以及各种设计手段,形成比较具体的设计内容,其中需要有一定表现设计的细节,能明确地表现出技术上的可能性和可行性、经济上的合理性,能表达出园林的韵律。(见图 5-17)

方案的深入设计需要进行平面图的细化和深入,同时还需要设计出大部分的剖面图和立面图。方案的深入设计主要需要表示出垂直方向的空间变化,在设计坡地的时候不仅要设计出园林坡地的美感,而且要考虑技术难度。同时,深入设计阶段不同于初步设计阶段之处是设计深度的增加,除了要增加空间、材料、照明等内容的深度,还要考虑结构、水、电等内容。在这个阶段,设计师要与各工种工程师进行协调,共同探讨各种手段的协调,在深入设计阶段完成后同样应与甲方进行磋商,取得认同后再进入下一步,即施工图阶段。

### 3. 施工图阶段设计

这一阶段主要通过图纸,把设计者的意图和全部设计结果表达出来,作为园林施工的依据,它是设计和施工工作的桥梁。根据所设计的方案,结合各工种的要求分别画出具体的、精准的、能够指导施工的各种图,这些图必须清楚地标示出各项设计内容的准确尺寸、位置、形状、材料、施工工艺等。园林设计施工图主要有水电施工图、环境施工图及植物施工图三大类。(见图 5-18)

### 4. 方案总体完成

方案总体完成就是指园林设计的成果。成果

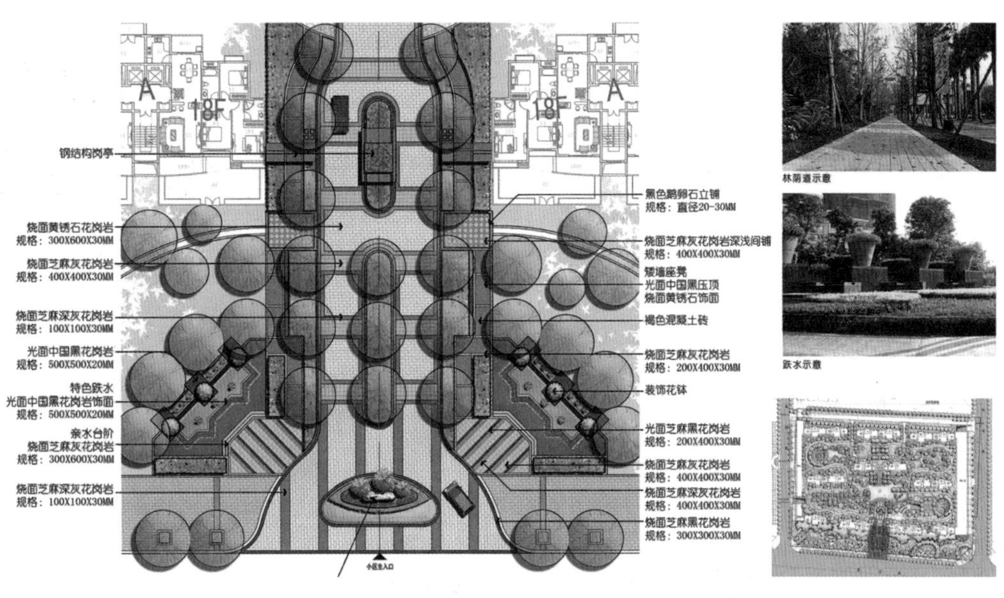


图 5-17　某小区景观方案深化设计

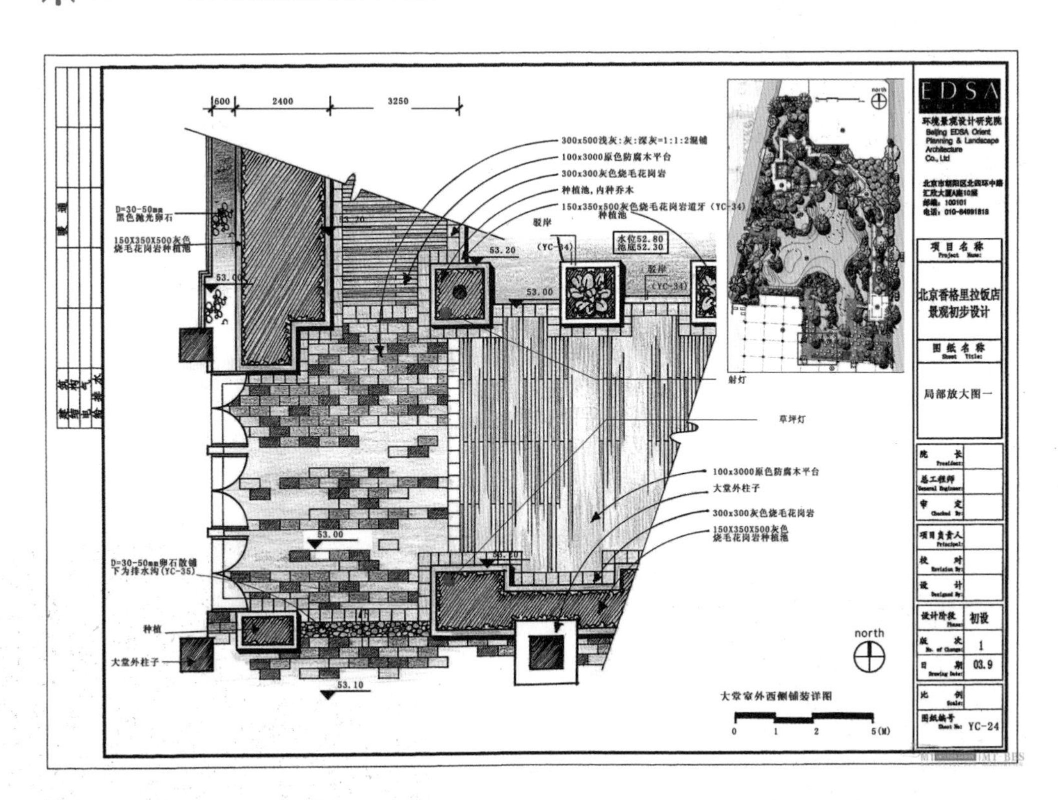


图 5-18　某景观设计方案施工图局部

包含文本和图纸两部分。

1）文本

园林设计方必须向甲方提供文本及电子设计说明书，文本以条文的形式反映园林建设管理细则，经过批准后成为正式的规划管理文件。说明书以简单明了的文字对规划设计方案进行说明。

文本的内容一般包括：①项目现状及分析——所包含的内容有自然地理环境、历史沿革、社会经济状况、优劣势分析、规划范围等内容；②设计理念——包含设计依据、设计原则、设计指导思想、目标等；③设计内容——包含功能分区、用地布局、道路系统设计、景观系统设计、绿地系统设计的设计说明等；④专项深入设计——很多大型园林设计项目包含很多专项深入内容，专项深入内容是整体设计中的一部分需要深入设计的内容，比如在园林的景观设计中，每个景点的设计就是一项专项深入设计的内容；⑤主要经济技术指标——在文本的最后附上主要的经济指标，经济的预算、具体的用地面积、建筑面积、绿地率、容积率等。

2）图纸

园林设计的最终图纸内容一般包括：

(1) 园林总平面图(见图5-19)；

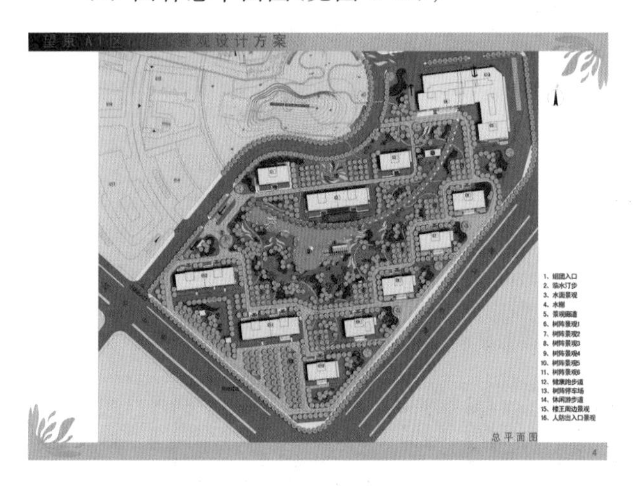

图5-19　某小区景观设计总平面图

(2) 园林功能分区图(见图5-20)；

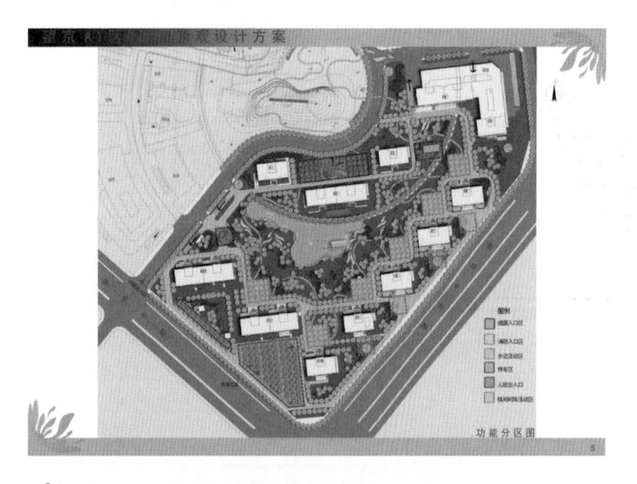

图5-20　某小区景观设计功能分区图

(3) 园林交通道路布局图(见图5-21)；

(4) 园林景观轴线分析图(见图5-22)；

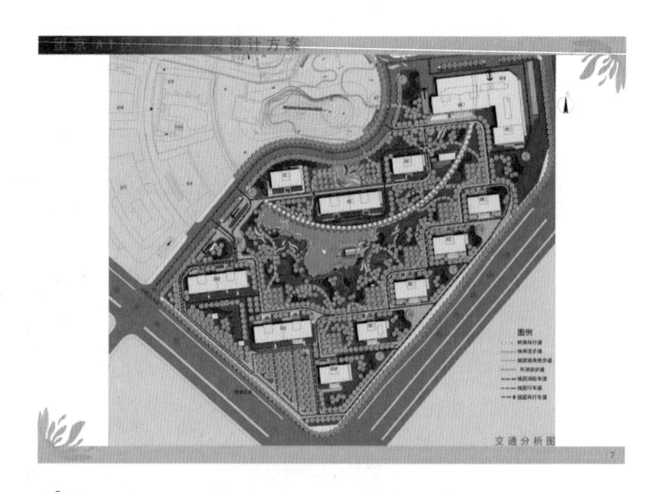

图5-21　某小区景观设计交通分析图

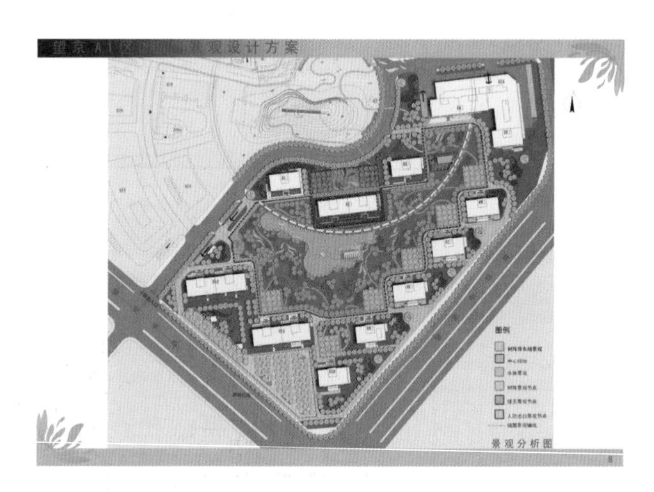

图5-22　某小区景观设计景观分析图

(5) 园林照明分析图(见图5-23)；

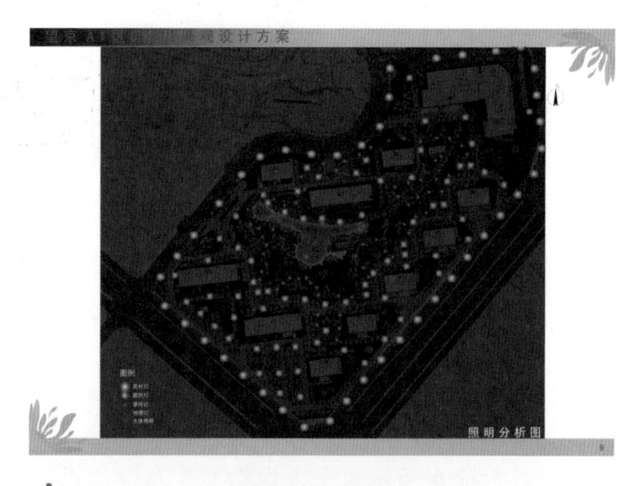

图5-23　某小区景观设计照明分析图

(6) 植物配置分析图(见图5-24)；

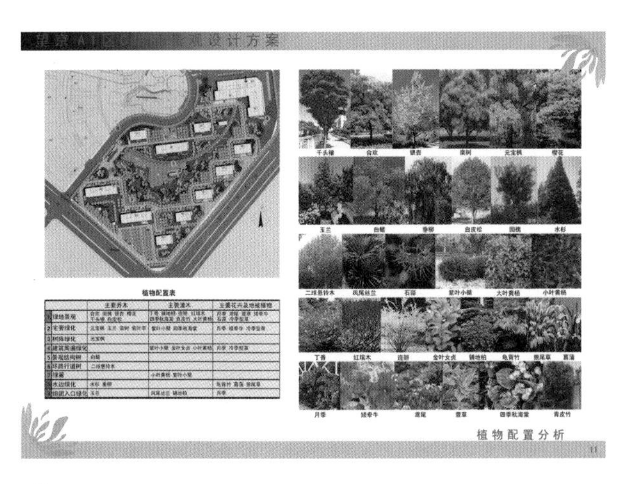

图 5-24　某小区景观设计植物配置分析

(7) 主要功能区详细规划平面图(见图 5-25);

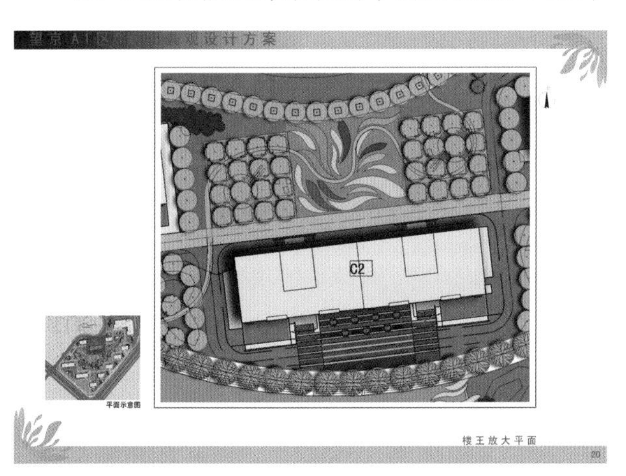

图 5-25　某小区景观设计楼王周边景观

(8) 重要建筑(或主要建筑小品)剖面图、立面图(见图 5-26);

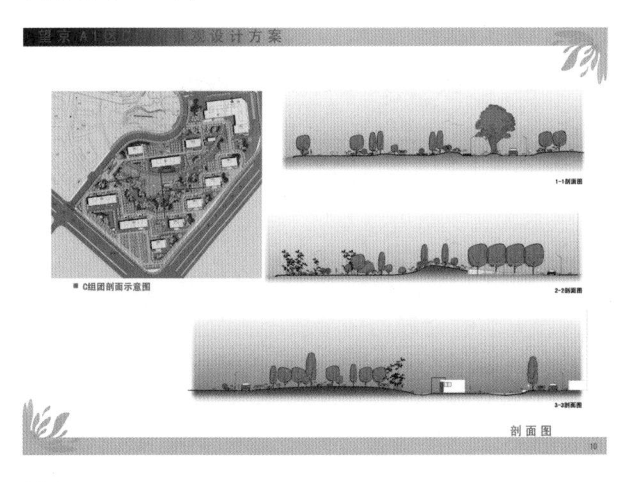

图 5-26　某小区景观设计剖面图

主要景点(或建筑、建筑小品)效果图(若干张);(见图 5-27)

图 5-27　某小区景观设计夏季观水

(9) 重要建筑小品模型;

(10) 主要功能区透视图(若干张);

(11) 园林效果图(见图 5-28);

图 5-28　某小区景观设计效果图

(12) 水电施工图,包含电力和电信布局图、给排水分布图;

(13) 附属设施图;

(14) 设计图包含重要建筑小品设计图、主入口设计图、主要园路设计图;

(15) 植物施工图包含设计说明、乔木施工图、灌木施工图和植物配置表。

# 5.4 方案形成过程

本节重点讲述在设计过程中方案形成阶段的内容，包括基本的思考方式与设计推理过程，从最初的调研如何演变为具体、完整的设计方案。方案形成过程与园林设计程序有所不同，园林设计程序内容包含前期调研与分析、植物种植设计、施工图设计环节及最终的施工环节的讲解。而在本节中，重点讲述设计思维过程及方法，让园林设计初学者能够将所学园林知识融合起来，理清所学内容在整个设计体系中应用的位置。另外，需要特别指出的是，本节内容侧重对基本的设计方法的应用。园林设计初学者扎实掌握设计方法并灵活应用，在设计项目中锻炼，积累经验，同时不断完善自身的知识结构，必定能做出富有创意、创新的园林设计方案。

## 5.4.1 功能梳理与构思表达

### 1. 功能梳理

园林设计初期需要对场地现状、周边环境、游客类型、周边交通等多方面的内容展开详细调研，认真梳理场地各方面的信息，从中提取出该项目所应该具备的特性及存在的问题。设计师需要将所有信息进行认真梳理，并总结出该项目所存在的主要矛盾和系列次要矛盾。之后，通过设置相应的功能来解决当前诸多矛盾。这就要求设计师能够将问题罗列清楚、分清主次。每个场地都有自身特殊的问题需要解决，园林设计初学者一般缺少经验或自身知识结构不完善时，应该通过学习其他案例中的功能设置来提升自己的认知。下面列举一些具有普遍意义的功能需求，为园林设计初学者提供参照。

在设计过程中，功能梳理的必要手段是“列单子”。将功能性问题明确、清晰地罗列到一张表格中，能够将大脑中思考的问题转移到纸面上，以此让大脑有更多的空间思考其他问题。同时，“列单子”还能够将不同功能问题并排在一起，方便设计师对其相互之间的联系进行深入分析。

常见功能及问题：①活动区，包括提供娱乐、玩耍、嬉戏、表演、商业、教育、观景等活动空间的场地；②安全防护设施；③保证景观效果基础上的预算控制；④有效的设计手法以减少公物损坏；⑤是否保持地域性文化内涵；⑥合理布局场地内的给排水系统；⑦生态、可持续、绿色环保理念的应用；⑧私密性与开敞性的考虑；⑨视觉传达系统；⑩人车分流系统；⑪景观小品；⑫公厕。

上述功能及问题一部分是园林项目中需要提供的满足特定需求的空间，一部分是对常见的园林问题应对措施的思考，还有一部分是在园林设计中融入深层次内涵的考虑。系统、全面的思考是梳理功能性问题的关键。

需要特别注意的是设计规范的应用。园林设计师应该对设计内容所常见的设计规范有所了解，在功能分析环节，不合理的设计思路能够经过设计规范的检验被预先淘汰掉，节省设计精力。如果对设计规范不了解，设计进行到深化环节才发现设计规范制约导致设计失败，就容易造成较大改动，甚至动摇设计构思。

### 2. 构思表达

用图示思维“泡泡图”的方法将所有功能布局、空间问题、处理手法等思考表现到纸面上。这种图示表达对尺度把握的精准度不需要太高，只要对该场地空间大小有一定思考并表现出来即可。图示表现切不可过于注重细节，避免精力分散至各个细部环节而忽略了对整体的把握。可利用“泡泡图”考虑整体景观构架、空间的主次关系（例如交通核心)、空间之间的联系等。泡泡非具象的节点，只代表一个功能空间。结构明确后，下一步的草图进入赋予形式环节。

具有一定面积的场地或功能区，用圆形、椭圆、不规则矩形来表现；具有一定轨迹的交通道路和空间之间的内在联系，用不同形式的箭头来表现；空间分割、阻隔，用折线表示；关键的结点或视觉焦点，用点、星形来表现。

## 5.4.2 几何形式的方案设计

总体设计思路为细致梳理功能布局，将自由组合的几何平面叠加在功能布局之上，艺术地提取功能空间的形态，附加园林设计要素，推敲竖向设计，完成设计方案。

为直观地展示几何形式设计方案的具体应用，该环节以别墅周边景观案例来进行讲解。该项目是位于湖泊边的别墅景观设计。经过对该项目场地条件、业主需求、环境条件等多方面的分析，设计师提出：满足业主安全及私密性的要求，保留东侧开阔的视野空间；以白色为主色调，配合以不同形态的水体设计，并借助水声提高景观情趣；房屋主入口至后侧的休闲区设置乔木来作为空间缓冲。

### 1. 功能分析——“列单子”

综合思考之后将功能分区明确地罗列至纸面上：①汽车通道；②回车区；③主入口对景；④开阔草坪；⑤花园植物展示；⑥通往小船屋的通道；⑦游玩区；⑧池塘/泳池；⑨小船码头；⑩入口缓冲区；⑪植物屏障；⑫堤岸隔断。(见图 5-29)

### 2. “泡泡图”构思空间

利用草图“泡泡图”，把握基本的空间尺度，进行功能区布局安排。(见图 5-30)

### 3. 在自由组合的几何平面中提取空间形态

在与建筑协调的矩形方格平面中提取功能空间。在建筑的另一侧，由 135°斜线构成的网格提取后院空间形态(见图 5-31)。进一步深化空间形态，最终确定场地形式(见图 5-32)。

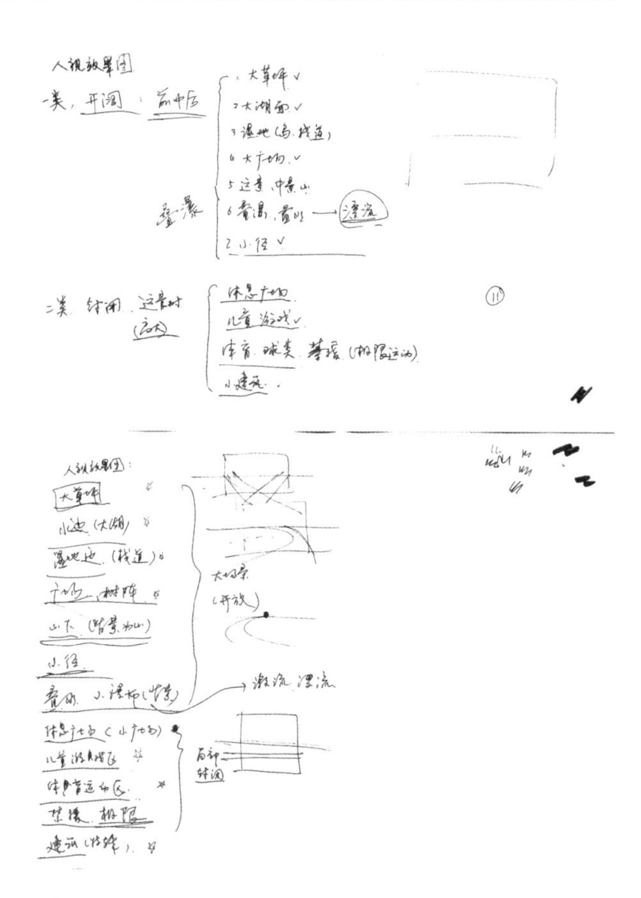

图 5-29　功能分析“列单子”

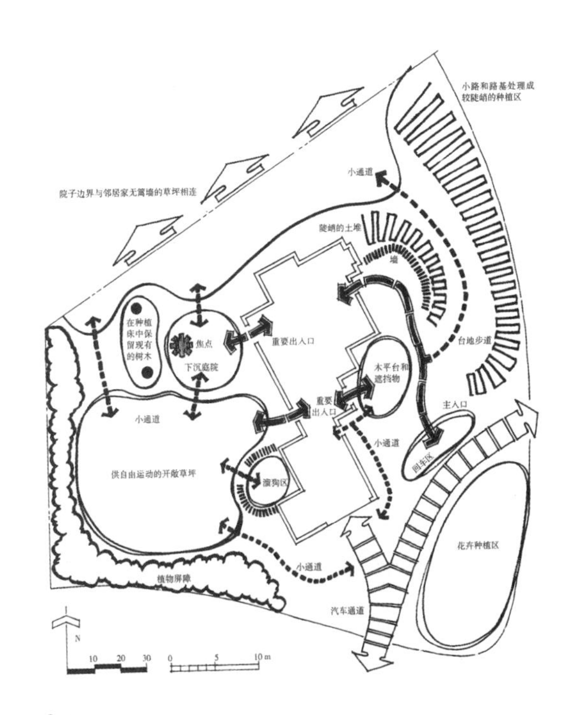


图 5-30　功能区布局“泡泡图”

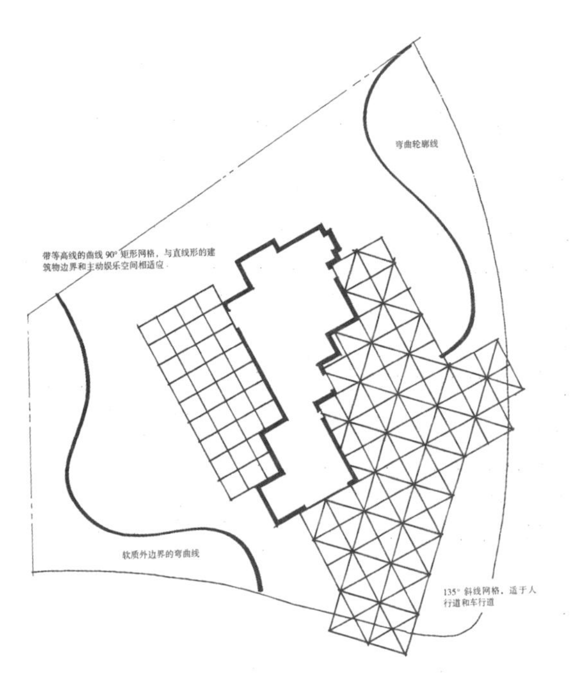


图 5-31　几何形式与空间结合

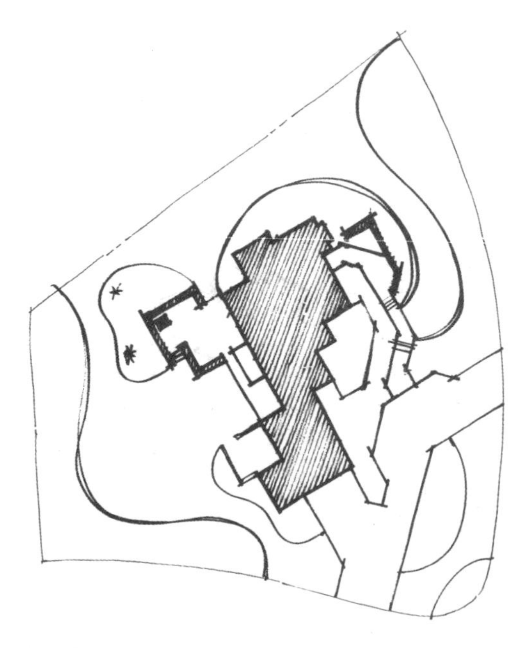

图 5-32　提取空间形态 1

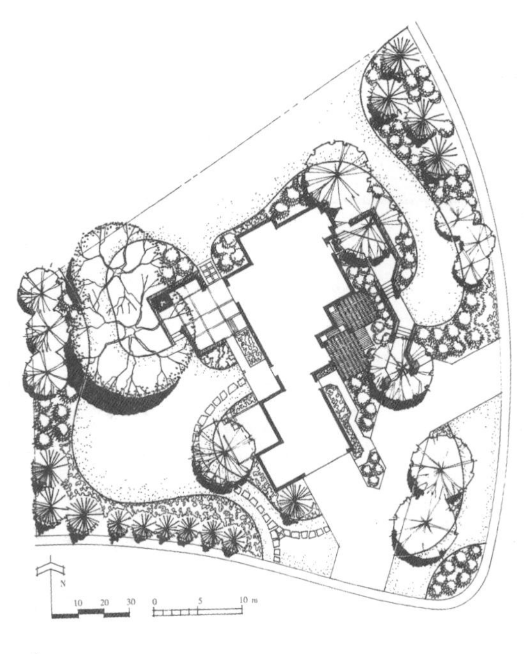


图 5-33　提取空间形态 2

### 4. 推敲局部竖向，附加园林设计要素

结合园林设计要素的知识，进行系统的深化设计。此阶段通常配合多种设计草图来推敲方案，最终确定细节内容。最后进行施工。（见图 5-33、图 5-34）

图 5-34　实景效果

# 第6章

## 现代园林设计案例赏析

XIANDAI YUANLIN SHEJI ANLI SHANGXI

# 6.1 特色现代园林赏析——苏州博物馆

苏州博物馆位于江苏省苏州市东北街，周边有许多著名的园林。1999 年苏州市委、市政府邀请建筑师贝聿铭设计苏州博物馆新馆。2006 年 10 月 6 日，苏州博物馆新馆建成并正式对外开放。新馆占地面积约 10 700 $m^2$，建筑面积超 19 000 $m^2$，加上修葺的太平天国忠王府，总建筑面积达 26 500 $m^2$，是一座集现代化馆舍建筑、古建筑与创新山水园林三位一体的综合性博物馆。新馆建筑巧妙地借助水面、庭院，与紧邻的拙政园、忠王府联系起来，成为一座集现代化建筑、古建筑与创新山水园林的经典建筑。（见图 6-1）

图 6-1　苏州博物馆入口

## 6.1.1 独特建筑空间环境

### 1. 古典园林式建筑艺术

苏州是中国著名的历史文化名城之一，有“江南园林甲天下，苏州园林甲江南”的美称。在高楼林立与粉墙黛瓦相得益彰的园林城市苏州，博物馆设计要解决现代与传统相融合的问题。贝聿铭用“中而新，苏而新”“不高不大不突出”的理念完美地解决了这个问题。新馆的整体设计充分考虑了苏州古城的历史风貌，借鉴了苏州古典园林风格。整个建筑与古城风貌、传统的城市肌理相融合。建筑坐北朝南，被分成三大块：中央部分为入口、中央大厅和主庭院；西部为博物馆主展区；东部为次展区和行政办公区。新馆建筑以中轴线对称的东、中、西三路布局，和东侧的忠王府格局相互映衬。（见图 6-2）

图 6-2　熙园

高低错落的新馆建筑采用了色彩更为均匀的深灰色石材作为屋顶及墙体侧边材质，配上白色墙体，清新雅洁，与苏州传统的城市肌理相融合，为粉墙黛瓦的江南建筑符号增加了新的诠释内涵。另外，苏州博物馆园林设计也别具一格，仍然延续了江南园林内涵，精心打造了富有意境的写意山水庭园，采用铺满鹅卵石的池塘、片石假山、小桥、八角亭、竹林等传统造园元素并结合创新形式，在中国文人庭院的神韵之下另辟蹊径。园林设计配合建筑内展区和回廊中的六边形镂窗，再现了“移步换景”“借景”“透景”的造园手法，互相依托，布局精巧。（见图 6-3）

图 6-3 苏州博物馆建筑

### 2. 空间处理独具匠心

传统园林的完整设计体系包含诸多内容，如平面的布局、空间的组织、借景的方式、意境的创造等。新馆设计也正是借鉴以上几个方面并创新才获得广泛认可的，如在造园方面、建筑空间组织方面的借鉴。（见图 6-4）

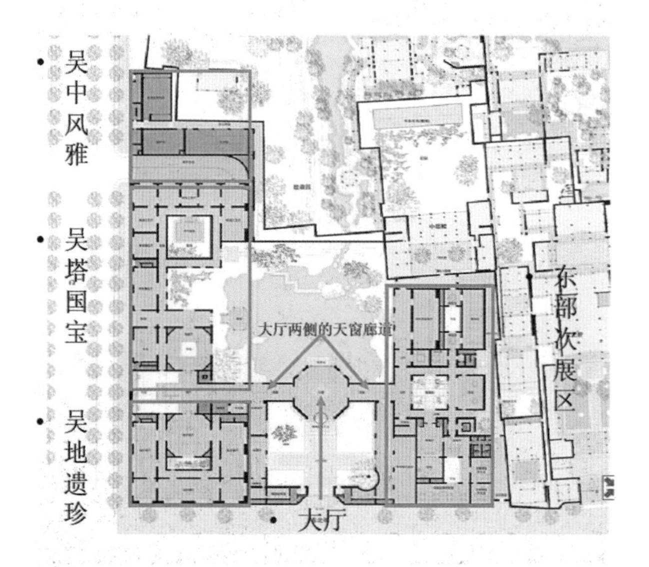


图 6-4 苏州博物馆平面图

由于博物馆空间的特殊性，要考虑展览空间功能需求及其艺术性处理，两者之间的关系要进行非常妥帖的处理。博物馆中独立展厅设计需对空间进行分区布局，一方面要考虑展品的体量、数量及展出序列，另一方面要考虑整个博物馆内各个展厅之间的组合关系，力求观众能够获得最佳观赏体验。流动空间组合打破了以往单调的空间组合模式，通过变化多样的空间组合营造丰富、含蓄的体验。贝聿铭设计了一个主庭院和九个小内庭院。其中，最为独到的是中轴线上的北部庭院，不仅可使游客透过大堂玻璃一睹江南水景特色，而且庭院北墙直接衔接拙政园的西花园，新旧园景融为一体。

苏州传统园林布局对苏州博物馆新馆的内部空间形态、序列组合都具有重要的影响。曾有人将传统园林比喻成山水画长卷，意思是指传统园林具有景致多、类型多的特点，加之空间组织连续、多变，能够获得丰富的游赏体验。传统园林在布局上采取灵活多变的处理手法，目的之一就是增加有限空间内的停留时间，从而增加游客游赏的时间。新馆建筑平面布局空间遵循传统中轴线的布局，又根据实际不同空间的衔接及功能需求，采取了更多变化处理，达到了最优化的组合态势。（见图 6-5）

图 6-5 楼梯空间

### 3. 建筑细节

新馆建筑将三角形作为突出的造型元素，表现在建筑的各个细节之中。在中央大厅和许多展厅中，屋顶的框架线由大小正方形和三角形构成，框架内的玻璃和白色天花板互相交错，像一幅几何形错觉绘画，给人以巧妙的心理感受和奇妙的视觉震撼。（见图 6-6）

新馆建筑用开放式钢结构，替代了苏州传统建筑的木构材料。我们在新馆的大门、天窗廊道、凉亭以及各个不同的展厅的内顶上都可以发现这一特点。开放式钢结构是建筑的骨架，并形成了造型

图 6-6 苏州博物馆大厅

上的特色，它带给建筑以简洁和明快，更使建筑的创新和功能的拓展具有可能性。（见图 6-7）

图 6-7 苏州博物馆屋顶钢结构

新馆大门为玻璃重檐两面坡式金属梁架结构，既有传统建筑文化中大门的造型元素，又利用现代材料形成崭新的风格。贝聿铭认为：大门的处理很重要，大门要有气派，但又得有邀人入内的感觉。我记忆中的许多所谓深宅大院，包括我儿时玩耍的狮子林，大多是高墙相围，朱门紧闭。而博物馆是公共建筑，我想在这里用一些新的设计手法，让博物馆更开放一点，更吸引人。同时，游客一进大门，就应感受到堂堂苏州博物馆的气派。

新馆建筑独特的屋面形态，突破了中国传统建筑“大屋顶”在采光方面的束缚。新馆屋顶之上，立体几何形框体内的金字塔形玻璃天窗的设计，充满了智慧、情趣与匠心。木纹金属遮光条的广泛应用，使博物馆充满温暖柔和的阳光。

#### 4. 光环境

“让光线做设计”是贝聿铭的名言，由此可见，贝聿铭对建筑与光之间的关系非常看重。他认为博物馆采光，最好选择自然光。在贝聿铭以往的博物馆设计中，光环境是塑造空间不可缺少的重要因素。从贝聿铭设计的第一个博物馆——埃弗森艺术博物馆开始，顶部采光就已经成为贝聿铭设计作品的特点。在苏州新馆中同样可以看到贝聿铭使用光线塑造空间的处理方式。在新馆建筑的中庭，借用传统的“老虎天窗”的做法，中庭的顶部采用玻璃材料达到采光的目的。玻璃屋顶保留了传统的形式，以现代的开放式钢结构的顶棚代替过去的木梁，我们能够从中体会到光线丰富的语汇和对材料魅力的解读。（见图 6-8）

图 6-8 苏州博物馆屋顶采光

### 6.1.2 苏州博物馆对传统园林的借鉴与创新

中国园林具有悠久的传统，作为三大造园体系之一，其造园手法与世界其他优秀园林相映生辉，且在中国传统哲学和美学思想等的影响下，形成了具有中国特色的造园风格。苏州博物馆庭院在造景设计上未采用传统的风景园林设计思路，为每个花园寻求新的导向和主题，不断挖掘、提炼传统园林风景设计的精髓，并形成未来中国园林建筑发展的方向。新馆呈现出坐北朝南、封闭内向，以山水庭园为核心的总体布局形式；在空间营造上主从分明、重点突出、动静结合，既采用了中国古典园林通过空间开合、大小、繁简的对比来营造空间的手法，又结合了中西方景观中常用的以轴线空间组织的手法，如对比、呼应等设计手法。从以下几个方面能够看出新馆在传统园林借鉴与创新方面的思考。

### 1. 掇山

新馆园林设计的精彩部分就是主庭院的设计，游客进入博物馆中庭后，首先映入眼帘的就是主庭院，主庭院成为建筑内部空间中借景的元素。主庭院中最吸引眼球的便是“石”的设计，这一创意既没有采用苏州园林造园时常采用的石头种类，也没有采用常见的假山处理手法，而采用了一种现代的、创新的手法，即采用独创的片石假山，“以壁为纸、以石为绘”，形成别具一格的山水景观，呈现清晰的轮廓和剪影效果，新旧园景笔断意连，巧妙地融为一体。（见图 6-9）

图 6-9　片石假山

贝聿铭谈道：“我认为园林将是苏州博物馆建筑的重要组成部分，我希望就如建筑设计一样，园林设计能走一条新路。譬如不用传统的太湖石，也不用我在香山用的石灰石，我希望从中国古代山水书画中寻找园林设计的灵感，并与苏州当地的能工巧匠合作，争取造出一个有新意的苏州园林。但是，要做出新意也不容易。我们的庭园面积不大，所能运用的造园元素也只有水、花木、石材等，如何依靠这些基本元素作出好的文章还有待考虑。石涛便以石为材，在扬州的‘片石山房’叠出了与众不同的‘人间孤本’。叠石、开水、种树也牵涉比例尺度问题，我记得我小时候在‘狮子林’假山前面照了相，人一站，假山的比例便给破坏了，很是滑稽。虽然我没去过‘片石山房’，但我也有意‘以壁为纸，以石为绘’，从石头着力。”思考他的观点，贝聿铭设计这片石景，取意中国山水画意境来“掇山置石”。同时，他精心挑选的石材颜色和肌理远看仿佛层层退晕，由黄色调到灰色调，意境深远。他用水阻隔人靠近石头，就是不让人在石旁留影而破坏了置石的尺度感和整体的氛围。同时他营造出一种“隐喻”的意境，“只可远观，而不可亵玩焉”。（见图 6-10）

图 6-10　假山尺度受影响

### 2. 植树

《园冶》中提到“巧于因借，精在体宜”，建筑师在狭小的空间中要“小中见大”，堆砌植物反而可能弄巧成拙。新馆在植树方面设计巧妙，主入口设置了两棵松树，靠近大门处的一棵高大挺拔，在街道空间中就能够看到，起到“借景”的作用；而另一棵树形态优美，作“点景”之用。进入主庭院，除了西侧的一片竹林，也只有寥寥的四棵树——东门北侧两棵松树，南侧一棵梅花树，凉亭南侧一棵桂花树。

东廊对景的“紫藤园”中，两根紫藤嫁接了忠王府中明代文征明手植的百年紫藤，在建筑上通过屋顶构架的呼应，使整个建筑空间和历史有了呼应。(见图 6-11)

图 6-11 苏州博物馆种植设计

### 3. 置桥

新馆主庭院中“桥”的设计没有采用传统九曲桥的手法，而采用完全现代的折线、直线及斜线的交叉处理手法，把桥当作“体”的元素应用到庭院空间中，使之与白壁石绘、碧水沙洲及博物馆建筑等周边环境融为一体。区别于传统园林中的小桥流水，新馆中桥的设计重点考虑了游人在庭院中的观赏路线及景致。人走在桥上，一侧可观赏倒映于水中的建筑和亭台，同时斜桥的摆放与建筑的高低、人的视域正好搭配，比例也恰当，让人移步换景；另一侧可观赏“以壁为纸，以石为绘”的掇山石景。桥的两侧放置两块天然垫脚石，它们被切一刀，光滑面与桥平接，通过这个细部做法我们可以看到设计师处理细节的深厚功底。(见图 6-12)

### 4. 设亭

新馆中采用现代设计手法处理的传统园林要素还有“亭”。亭的设计采用了钢结构、双层、亭顶为玻璃并覆盖木饰贴面格栅、结构柱上放置照明灯具。新馆主庭院中，亭悬于水面，北可观石与桥，东侧建筑与松梅也尽收眼底，南侧与建筑大堂的亲水平台及建筑立面互为对景，西侧为绿色的竹林背景，这样以亭为中心，营造出“简约”的意境。(见图 6-13)

图 6-12 桥的设计

图 6-13 设亭

### 5. 筑台

新馆利用“台”的设计来营造“空灵”的意境。作为一个供人停留和留影的点，站在此台上，以西侧建筑和亭为背景拍照，角度很好。(见图 6-14)

图 6-14 筑台

### 6. 理水

新馆水景包含主庭院的大面积水景和莲花池的室内水景。两处水景均采用了硬质驳岸，以人工水处理和循环技术实现理水造景。主庭院水体占地并不大，但让人产生开阔感，这与贝聿铭对建筑尺度的把握密不可分。园中亭、台、沙、石、桥、建筑都布置于其上，也都倒映在其中，再加上水中的浮萍、锦鲤所翻动的点点波澜，十分唯美，营造出“天地无限景”的意境。（见图 6-15）

图 6-15 水景

## 6.2 生态园林赏析——杭州江洋畈

杭州江洋畈生态公园位于西湖风景区玉皇山南麓，是一处三面环山的谷地。1999—2003 年，西湖淤泥历经几次疏浚，淤泥通过管道被输送到了这里。随着时间的推移，淤泥地表含水量渐渐下降，沉积于淤泥之中的植物种子开始自由地发芽、生长，最后呈现出一片杂乱却富含生机的自然园林景观。2008 年，杭州园林部门决定将这片自然的湿地园林景观打造成为一个生态园林公园——江洋畈生态公园。2008 年 10 月，北京林业大学王向荣教授开始对江洋畈进行现场调查，开始对江洋畈生态公园进行规划设计，最终采用全新设计理念把昔日的淤泥库打造成了 21 世纪生态公园的新典范。（见图 6-16）

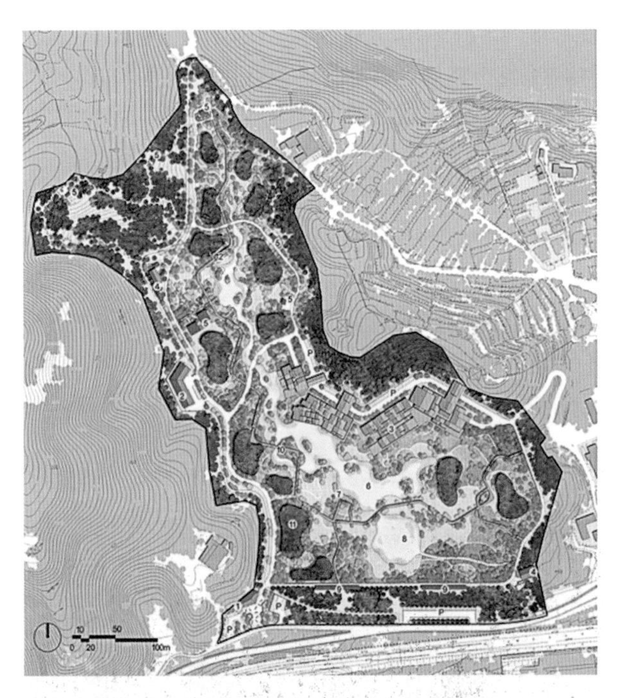

图 6-16 杭州江洋畈生态公园平面图

杭州园林以富有诗情画意的古典人文景观特色见长，江洋畈生态公园临近南宋皇城遗址景群，在园林中融入南宋文化来延续西湖风景名胜特色是江洋畈的最初主旨。面对自然的植物群落，设计建造团队选择了保护和培育原场地的湿地生物种群，创造独特的雨水湿地景观，保证游客与自然亲密互动，以注重原生态景观保护和延续的建造视角去规划建设江洋畈生态公园。江洋畈生态公园是杭州首次出现的以野态环境为主景的公园，对完善西湖风景名胜区景观功能互补性起到重要作用。（见图 6-17）

图 6-17　杭州江洋畈生态公园“无为”处理手法

## 6.2.1　“无为”的设计理念

随着生态理念的发展，园林设计采用尊重野生生态环境的态度来展开规划逐渐为公众所接受，江洋畈生态公园作为生态公园在中国的首次尝试获得了极大反响。设计师面对的问题有：怎样利用现场淤泥来堆山理水，需要引入哪些植物来造景？基址旁还有吴越国和南宋皇城的历史遗存，江洋畈怎样去呼应历史，体现文脉？基址的淤泥深达几十米，如何安全、有效地满足游人活动需求？设计师面对如此复杂的现状，面对历史遗存，大胆采取了“无为”的设计手法，保留基址大部分现状环境，表现自然演进的过程，并通过巧妙的设计去引导市民欣赏这种真实的、变化的风景，品味一种淡泊且隽永的美。（见图 6-18）

图 6-18　杭州江洋畈生态公园野态环境

以生态设计理念来看待场地淤泥次生植物群落，发挥野树、野花和沼泽水草的天然优势，营造优美独特的园林景观。通过不锈钢板围合、栈道引入植物群落等方式，将普通、平凡的现场突显在游人面前，杂乱空“无”的场地经过精心设计之后呈现为“有”景可赏，有之以为利、无之以为用，真正体现出最小干预的“无为而为”理念。（见图 6-19）

图 6-19　杭州江洋畈生态公园“最小干预”理念 1

在养护管理上，除了必要的道路清洁，保持基地原生的生态系统，让这些生物自生自灭、自我维持，不用像其他公园那样人工投入大量的水、能量、杀虫剂和化肥等进行维护。

野花、野草是自然中平凡的景致，而这种平凡在高楼林立的城市空间中逐渐消失。江洋畈生态公园采取的设计手法，让园林呈现出“无味之味”的体验。江洋畈生态公园设计师将西湖淤泥滋养的次生、湿生植被的自然演替过程，作为一种独有风景和生境展现给游客，带给游人一种“淡”的味道，但这种味道含蓄却隽永、清新却绵长，值得人慢慢品味、细细回味。其中，最引人注目的是那些细高瘦长、恣意生长的南川柳，它们与西湖边上枝条低垂，得到万千宠爱的白堤柳截然不同，参差错落的枝干舒展身躯，旁逸斜出，在斑驳的光影里相互交织，朦胧中有坚实，坚实中有旖旎，一种蓬勃的生命的信息不可抑制地迸射着，如同吴冠中先生水墨抽象画中那律动的线条，纵横、粗细、向背，和谐而引人遐想。（见图 6-20）

图 6-20 杭州江洋畈生态公园“最小干预”理念 2

## 6.2.2 空间景观格局的规划

根据场地特征，为将最佳的观赏体验呈现给游客，设计师提供了各种不同的生态环境体验方式，塑造出富有动感的观赏道路系统和景观节点序列。在公园整体空间中，游客通过细长空间感的木栈道、区域感的观景平台、单侧限定的休息区等设施，借助展示标牌能够深入了解次生林环境和植物群落特点。整个景观格局简约、流畅大方，展现着人与自然互动的、富有野趣的独特次生湿地生境如画空间，体现出生态公园场地文化本质核心的内容。

### 1. 游客步行道

贯穿江洋畈生态公园景观空间的是游客步行道系统。游客步行道系统成为整个游览空间的骨架，蜿蜒穿梭在次生林环境中，最终延伸至远处山林。步行道系统满足了生态公园的游览、科普、休闲等功能，并结合场地特点，被设计成具有感观自然、降低夏季辐射热、低价、高透水、耐压等特性。这些特殊的细节有效避免高含水率软地基地面沉降、积水、面层开裂等工程通病，对营建生态经济型游客步行道系统有一定的借鉴和参考意义。（见图 6-21）

### 2. 木栈道

为让游客在游赏过程中更加贴近自然，设计师精心设计了木栈道，提供了多视点观赏景观的方式。木栈道或高或低地穿梭在密林间，配合树冠遮挡等形成或明或暗的光环境，使游客视觉体验也极

图 6-21 步行道

富有韵律性。起伏的木栈道增加了景观的空间层次，产生视觉光影和空间格局的丰富变化，增添了游览的趣味性。（见图 6-22）

图 6-22 木栈道

### 3. 生境岛

江洋畈建立生态公园存在着具有湿地基本条件的生态优势。设计师采用耐候钢围合原场地的次生湿地，形成江洋畈生态公园具有特色和争议的景观结点——生境岛。根据场地与人的尺度，设计师将游人观赏景致划分为近距离观察及远观两种形式。经过特殊组织的生境岛空间散布在湿地公园中或紧靠木栈道处，使游人能够体验到自然生态演替过程。利用不锈钢板、喷漆钢板等人工材质围合湿地植物的设计手法是江洋畈公园对略显单一的植物景观组合进行深化处理的一种尝试。（见图 6-23）

### 4. 建筑

公园建筑主要包括配建生态容量与景观允许

图 6-23　生境岛

的主题博物馆、游人中心、管理用房、公共厕所及观景亭等。设计师站在未来的高度对传统建筑文化进行认知，在取其美感与象征意义的基础上，在尺度、节奏、构图、形式、性格、风格等多方面做了一些尝试。在空间开阔处和地势较高处设置观景钢木结构亭、台、廊、馆等，以线面构造组合围合出简洁明确的休憩空间，并在主要建筑营建植草屋面。建筑色彩仍以传统灰、白为主，局部采用浅绿点缀，以与周围环境相融合。（见图 6-24、图 6-25）

图 6-24　游廊

优秀的园林不是对传统的浅薄模仿，而是很好地结合了现代需要和传统美学、科技发展的社会进步产物。江洋畈生态公园建设注重功能的改变、现代元素的引入、构成材料的替换及现代艺术形式的多义性、模糊性的创新应用，让传统要素在人们的欣赏视角和审美思维中渐渐消退，开启了杭州风景园林文化的表现新形式。

图 6-25　建筑

### 6.2.3　新型园林建设的启示

江洋畈生态公园建设主旨是在保护自然生态景观的前提下，科学合理地利用自然资源，满足生态公园的休闲、教育普及与展示相关知识等方面的功能要求。园林的定位是一座露天的生态博物馆，故游客服务、文化陈设以生态绿色理念为宗旨，突出使用科普展示系统，以科普牌和感应电子书、实景传播系统、温馨提示和生态纪念品进行系统布局，将景区的西湖疏浚文化、江洋畈的自然演替变化以更加具象和现代的方式与山水树木相交融。（见图 6-26）

图 6-26　科普展示系统

园林建设的发展应与时代息息相关，始终是自然观和人生观的即时体现，应符合科学原则、反映社会需要、技术发展和美学观念，还要求管理和参与者具有多方面的知识和艺术修养。江洋畈生态公园建设具有特殊复杂性、多样性和多变性，工程施工要求繁杂而细致，每一细小不同都会带来不同的视觉效果，而这些是设计图纸所无法面面俱到和及时应变的。这也要求我们有能力在特定的景观工程中采用新形式、新手法来适应时代发展并胜任引导角色，不断在施工过程中解决存在的问题，根据现场随时发生的变化进行应变，提出合理的见解和建议，并结合国情关注廉价高技工程解决方法，以较强的现场控制力避免最终效果因机械的执行方案和笨拙的应对变化而变得面目全非。优秀的园林建设作品需要管理者具有认真的工作态度，同时充分发挥各类人才的作用，充分实现团队合作的工作效能最优化。

## 6.3 法国雪铁龙公园

雪铁龙公园位于法国巴黎的西南角，濒临塞纳河，是利用雪铁龙汽车制造厂旧址建造的大型城市公园。该公园尺度较大，公园中主要游览路线是对角线方向的轴线，该公园可以划分为南区与北区两个组成部分。南北两区因场地环境特点不同，而最终呈现出的公园景观也有差别。在公园南区，景观以大草坪、大水渠等较为开阔的要素组成，也点缀有黑色园、变形园及局部水洞窟等。（见图 6-27）

图 6-27　雪铁龙公园旧址

### 6.3.1 雪铁龙公园主轴线

公园中笔直的游览路线作为主轴线从空间序列角度来看，充满丰富的变化，有时借助小桥跨过水渠，有时穿过宽敞的草坪，有时穿过高大的乔木，或高或低的变化让游人在行进过程中感受到不同的景致，并不会产生单调感。经过设计处理的笔直轴线在实际空间中并没有强烈的直线感。设计师充分考虑了场地周边环境，在公园中心处精心设计了一处可供周围密集居民区居民活动的户外场所，以开阔草坪空间为该区域生活的居民提供了一处绝佳的休闲场地。开阔的草坪空间被四周水渠围合，形成自然协调之感，但是，这种设计限定了一部分休闲活动，尤其是球类活动。草坪之南的大水渠向西延续到塞纳河边的岩石园区，东边是几何种植的广玉兰树廊，水渠作为公园与园南办公楼的界线，同时也构成了东、西方向的主轴线。（见图 6-28、图 6-29）

### 6.3.2 雪铁龙公园辅轴线

公园辅轴线由北部六个系列园之间的跌水景点组成。跌水作为空间序列中的一环，还可以作为竖向分隔界面分隔空间，将系列花园进行分割。系列花园面积一致，均为长方形。系列花园采用形状一致的长方形，通过植物材料的变化来区分。系列园中的每个小园都被赋予了特殊的含义，通过一定的设计手法及植物搭配来体现内涵。蓝色园、绿色园、橙色园、红色园、金色园都有相应的处理。游人

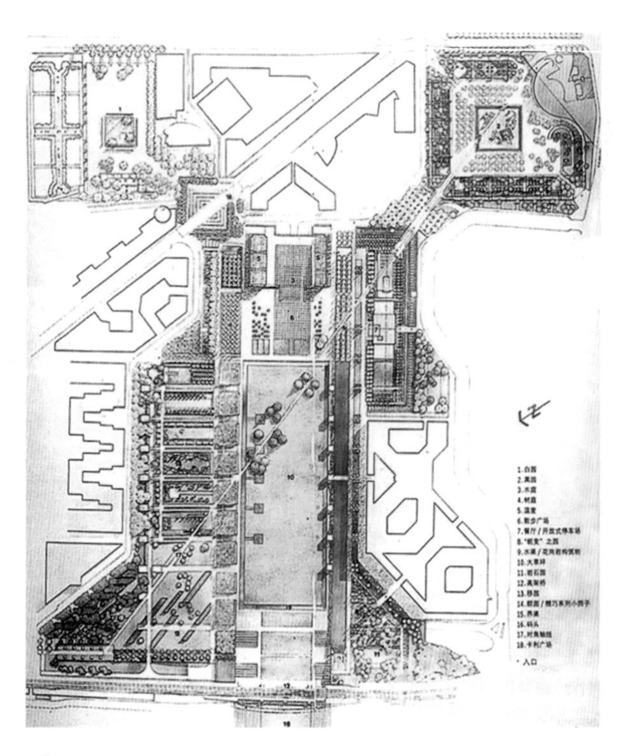

图 6-28　雪铁龙公园平面图

图 6-29　雪铁龙公园鸟瞰图

可以进入这些系列花园，也可以在高处的小桥上鸟瞰，这些小桥把七个小温室联系起来。对角线西北方向的终点是运动园，处理上充满野趣，如同大自然中的一块原野。对角线的另一端是黑色园，其中心是方形的场地，周围是下沉式的庭院，植物多为深色叶的松树。公园东北角与黑色园相对应的是白色园，它的形状与黑色园相近，而处理手法完全不同。黑色园像一片浓密的树林，而白色园色彩浅淡，外围设置了儿童游戏场。（见图 6-30）

图 6-30　雪铁龙公园局部 1

### 6.3.3 现代园林设计的新视角

雪铁龙公园虽然是在原有汽车厂旧址上建造的，但是整体风格丝毫未受到约束。雪铁龙公园备受推崇的原因是它融合了不同的园林文化传统，并把传统园林中的要素用现代的设计手法重现，是典型的后现代主义设计思想的体现。雪铁龙公园建筑中的两个巨大温室很突出，这种尺度如同传统巴洛克式花园中的宫殿；温室前带有坡度的大尺度草坪让人联想到巴洛克花园中宫殿前的下沉式花坛；大草坪与塞纳河之间的设计处理借鉴了很多传统园林设计手法，延续了历史文脉；“岩洞”是文艺复兴或巴洛克园林中岩洞的抽象；系列园处的跌水如同意大利文艺复兴园林中的水链；林荫路与大水渠直接引用了巴洛克园林造园的要素；运动园体现了英国风景园的精神；六个系列小园则明显地受到了日本园林中枯山水风格的影响。（见图 6-31）

雪铁龙公园直线构成运用体现出对传统园林严谨构图的借鉴，但是受后现代主义设计思想的影响，在严谨的基础上也充满了变化，削弱了直线给人的单调感。设计形式上通过几何与自然元素的合理搭配，巧妙地营造了富有变化的空间体验。雪铁龙公园设计，合理地将地形、植物、构筑物等要素组合起来，在满足功能需求的基础上，整体呈现出一种历史感及怀旧情感。（见图 6-32）

图 6-31　雪铁龙公园局部 2

图 6-32　雪铁龙公园局部 3

## 6.4 泪珠公园

泪珠公园是一座开放式公园。该公园项目景观设计最初的目的之一是为周边居民提供一处儿童游乐场所，因此，在公园空间设计时突出考虑了富有探险、运动感的布局，并通过使用自然形态的结构设计，重新定义了现代公园中的自然景观。泪珠公园所处场地狭小、光线不足，所处位置也并不理想。该项目通过一条蜿蜒的河流将复杂、不规则的空间、茂盛的植被、坚实的材料和粗犷的地形巧妙连接、融合起来，构成景色优美的空间。该公园项目由景观设计师全权负责，包括组织项目、建设团队、提供设计方案、建筑管理等内容。该公园项目进行过程中，工程师、照明顾问、促进儿童发展专家、土壤工程师、喷泉设计师也发挥了重要作用，为项目设计提供了诸多建议。（见图 6-33 至图 6-37）

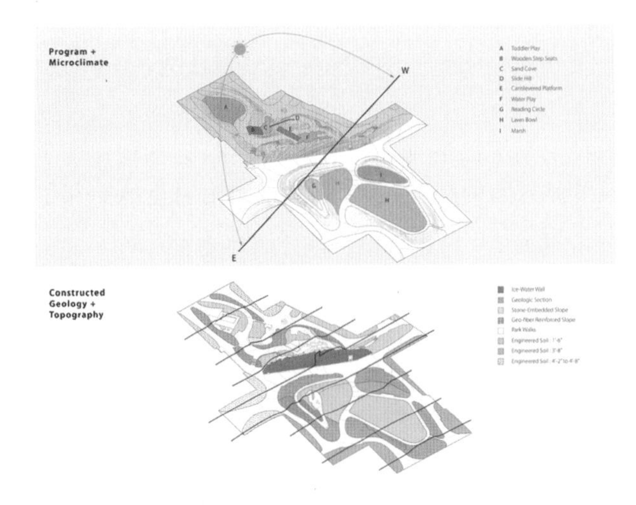


图 6-33　泪珠公园地貌

图 6-34　泪珠公园设计图

图 6-35　泪珠公园

图 6-37　泪珠公园景观 2

项目公园所处场地是哈德逊河填海区，自然条件恶劣。由于地下水位较高，场地侧面断层不时出现渗水的情况，因此，场地设计的下沉处理被限定在一定范围内。

公园一侧的公寓纵深过长，场地位置的太阳光照较少，有着较大面积的阴影。公园东、西通道遭受从哈德逊河吹来的强烈干冷风，而位于建筑物之间的空间则能免受这种痛苦，获得更好的保护。公园日照时间比较短，光照、水土、气流等多种限制条件的综合作用，在一定程度上决定了景观元素、游艺项目以及植物群落的取舍和空间配置。例如，了解了场地北半部享有最长日照时间情况后，设计师设置了两块隔路相对的草坪作为草地滚球场；在阴影和风力保护区设置低龄儿童游乐区，包括沙坑、

图 6-36　泪珠公园景观 1

滑梯和出水岩石嬉水区，确保儿童在舒适的环境中嬉戏。（见图 6-38）

图 6-38　泪珠公园景观 3

公园在满足游乐功能的前提下，还应具备独特的自然景观，从而能为周边居民提供更好的休闲空间。公园能够成为家庭共同参与、社区交流的重要公共空间，满足公园可持续发展。公园的使用者大多是青少年，因此在项目设计时将青少年作为重点考虑对象，但也对其他年龄层次的人群进行了充分考虑，提供了相应的功能。整个公园最终完成时所面对的目标服务群体涵盖了附近一所高中的学生、上班族、周边数百栋公寓的住户以及附近一间疗养院的老年人。此外，公园对特定功能区的规模进行了充分考虑，沙坑、戏水区、草坪的面积达到一定规模，满足举行一些定期活动的需求。其带来的不同

寻常的游乐内容也能对附近的洛克菲勒公园中传统大型游艺设施形成有益补充。

项目公园重点提供了满足儿童早期发育体验自然环境的需求，尤其注重游乐场地的自然形态。泪珠公园为儿童提供了充满冒险、探险性的场地，而且从安全角度进行了优化，能够在保证安全的前提下，促进青少年身心共同发展。场地中独特的地形处理，精彩的喷泉设计，天然的石材搭配及合理的种植设计等内容共同构成了结构复杂多变的空间环境。强烈的外形差异和精致的视觉效果，给人耳目一新的感觉。独特的设施包括高 8.2 m、长 51 m 的“冰与水”景墙及险峻斜坡上的植物种植区、树林、戏水岩石，以及半月形叠石矮墙环抱中的阅读角。在阅读角，人们仍旧能够欣赏到远处哈德逊河的风光。公园成功展示了应用天然材料造景的可能性，同时也重新定义了都市自然游乐理念。（见图 6-39）

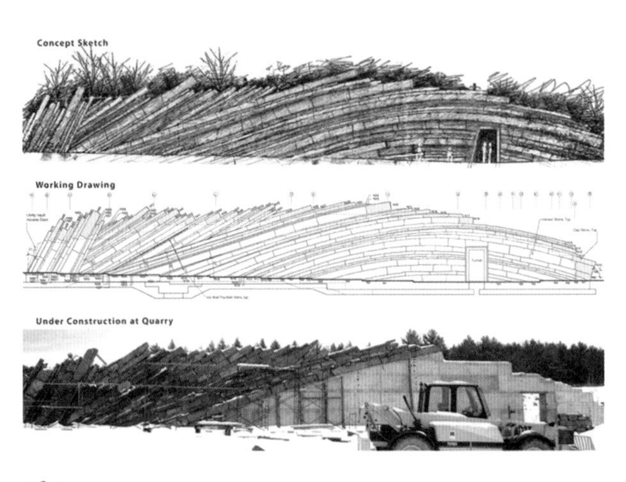


图 6-39　泪珠公园石材 1

泪珠公园设计坚持“绿色、生态”理念。该理念贯穿在设计到施工的各个环节。泪珠公园特殊的地形设计为该场地提供了适宜的小气候环境，结合对土壤基质的特殊处理，满足了种植设计的特殊要求，形成了能够良性循环的植物景观。公园环境设计还包括全面的土壤有机管理，植物养护避免使用杀虫剂、除草剂和杀菌剂。另外，公园内植物养护所需要的灌溉水采用了周边建筑使用后产生的中水及场地收集的雨水，能够满足灌溉需要。公园建造所需石材均来自方圆 900 km 以内的采石场。除去分割空间、增加层次、提供庇护外，石材也是对纽约州地质的隐喻和再诠释。为使景墙尽善尽美，项目设计团队采用了几乎只有重点保护文物迁建时才用的笨办法，在采石场现场拼叠，不满意就替换，全部敲定后将石材分别编号，运回场地后再按编号组装起来。（见图 6-40）

图 6-40　泪珠公园石材 2

“这绝对是一个城市绿洲，这位景观设计师在这个几乎不可能完成的地方上进行大胆的设计。公园让你感到和大自然是如此的接近，这一点是公园设计中很难达到的。该公园能让你的思维远离城市，远离周围的建筑，而且它适合所有年龄层次的人。”——2009 年 ALSA 专业奖评委给予了高度的评价。

# 参考文献


[1] 里德·格兰特·W. 从概念到形式:园林景观设计[M]. 陈建业,赵寅,译. 北京:中国建筑工业出版社,2004.

[2] 莫尔·查尔斯,米歇尔·威廉,图布尔·威廉. 风景——诗化般的园艺为人类再造乐园[M]. 李斯,译. 北京:光明日报出版社,2000.

[3] 林·麦克·W. 建筑绘图与设计进阶教程[M]. 魏新,译. 北京:机械工业出版社,2004.

[4] 拉特利奇. 行为观察与公园设计[M]. 李素馨,译. 台北:田园城市文化出版社,1995.

[5] 马库斯·克莱尔·库珀,弗朗西斯·卡罗琳. 人性场所——城市开放空间设计导则[M]. 俞孔坚,等译. 北京:中国建筑工业出版社,2001.

[6] 布思·诺曼·K,希斯·詹姆斯. 独立式住宅环境景观设计[M]. 彭晓烈,译. 沈阳:辽宁科学技术出版社,2003.

[7] Motloch J L. 景观设计理论与技法[M]. 李静宇,等译. 大连:大连理工大学出版社,2007.

[8] 小形研三,高原荣重. 园林设计[M]. 索靖之,等译. 北京:中国建筑工业出版社,1984.

[9] 芦原义信. 外部空间设计[M]. 尹培桐,译. 北京:中国建筑工业出版社,1985.

[10] 宫元健次. 建筑造型分析与实例[M]. 卢春生,译. 北京:中国建筑工业出版社,2007.

[11] 盖尔·扬,吉姆松·拉尔斯. 新城市空间[M]. 何人可,等译. 北京:中国建筑工业出版社,2003.

[12] 盖尔·扬. 交往与空间[M]. 何人可,译. 北京:中国建筑工业出版社,1992.

[13] 亚历山大 R. 庭园景观设计[M]. 徐振,韩凌云,译. 沈阳:辽宁科学技术出版社,2008.

[14] 黎志涛. 快速建筑设计方法入门[M]. 北京:中国建筑工业出版社,1999.

[15] 黎志涛. 快速建筑设计 100 例[M]. 南京:江苏科学技术出版社,2005.

[16] 周维权. 中国古典园林史[M]. 北京:清华大学出版社,1999.

[17] 田学哲,俞靖芝,郭逊,等. 形态构成解析[M]. 北京:中国建筑工业出版社,2005.

[18] 同济大学,重庆建筑工程学院,武汉城建学院. 城市园林绿地规划[M]. 北京:中国建筑工业出版社,2000.

[19] 赵兵. 园林工程学[M]. 南京:东南大学出版社,2003.

[20] 孟刚,李岚,李瑞冬,等. 城市公园设计[M]. 上海:同济大学出版社,2003.

[21] 徐振,韩凌云. 风景园林块体设计与表现[M]. 沈阳:辽宁科学技术出版社,2009.

[22] 谭晖. 透视原理及空间描绘[M]. 重庆:西南师范大学出版社,2015.